Les études animales sont-elles bonnes à penser ?

Repenser les sciences, reconfigurer les disciplines

Sciences et Société

fondée par Alain Fuchs et Dominique Desjeux et dirigée par Bruno Péquignot

Dernières parutions

Patrick TRAUBE, *Le monde à l'envers, Un autre regard sur le monde et sur nous-mêmes*, 2020.
Nicolas TANTI-HARDOUIN, *La reproduction sociale de la santé. Inégalités de santé : responsabilité individuelle ou destinée sociale ?*, 2019.
Jean-Luc MATHIEU, *Prévention : quels enjeux de Santé publique ! Analyse de politiques publiques*, 2018.
Jacques JAFFELIN, *Théorie de l'information générale ou la « quatrième vexation »*, 2018.
Claudine PÉREZ-DIAZ, *Sciences et action publique : un mariage fécond. L'exemple de l'alcool au volant*, 2017.
Philippe SALIGNAC, Les espaces du travail, *Prévention et santé au travail,* 2017
Gérard ALLAN, *Points de vue thermodynamiques sur notre quotidien, Société et thermodynamique*, 2016.
Xavier MOREAU, *Vieillissement et vulnérabilité, Comment rendre moins difficile le retour de la vulnérabilité*, 2016.
Jacques JAFFELIN, *Où va la civilisation ? Ethique pour un monde humain réconcilié avec ce dont il est issu*, 2015.
Anne CHATEAU et Odile PIQUEREZ, *Le syndrome d'Angelman. Parcours de vie des adultes*, 2015.
Anne CHATEAU, *Le syndrome d'Angelman. Regard sur une maladie neurogénétique rare*, 2013.
Laurence BRIOIS VILMONT, *L'imagerie médicale. La fabrique d'un nouveau malade imaginaire*, 2013.
Olivier NKULU KABAMBA, *L'assistance médicalisée pour mourir. Les soignants face à l'humanisation de la mort*, 2013.
Jean-Pierre BENEZECH, *Une éthique pour le malade. Pour dépasser les concepts d'autonomie et de vulnérabilité*, 2013.
Suzy COLLIN-ZAHN et Christiane VILAIN, *Quelle est notre place dans l'univers ? Dialogues sur la cosmologie moderne*, 2012.

Aurélie Choné, Isabel Iribarren, Marie Pelé,
Catherine Repussard, Cédric Sueur

Les études animales sont-elles bonnes à penser ?

Repenser les sciences, reconfigurer les disciplines

L'Harmattan

Des mêmes auteurs
dans la même collection

Repenser la relation homme-animal
Généalogie et perspectives, 2020.

Couverture : Alexis Gunkel.

5-7, rue de l'Ecole-Polytechnique, 75005 Paris
http://www.editions-harmattan.fr
ISBN : 978-2-343-19276-5
EAN : 9782343192765

Sommaire

Introduction

« L'anthropologie est confrontée à un défi formidable : soit disparaître avec une forme épuisée d'humanisme, soit se métamorphoser en repensant son domaine et ses outils de manière à inclure dans son objet bien plus que l'anthropos, toute cette collectivité des existants liée à lui et reléguée à présent dans une fonction d'entourage. »[1] Cette réflexion de Philippe Descola au sujet de l'anthropologie ne devrait-elle pas être généralisée aux sciences de l'homme, voire aux sciences dans leur ensemble ? Le présent volume répond par l'affirmative à cette question et part de l'idée qu'il s'agit là d'un véritable défi pour les sciences de déconstruire et repenser les relations des humains aux autres animaux, et ainsi de redistribuer les modes d'appropriation des connaissances dans des domaines multiples.

C'est bien l'objectif des études animales que de tenter d'inclure dans leur objet d'étude la communauté des existants, en se constituant en tant que champ de questionnements à la croisée de disciplines variées, issues tant des sciences de l'homme que des sciences de la nature. Les études animales visent à dépasser l'antagonisme entre ces deux types de science, et plus généralement entre nature et culture, entre humanité et animalité, en prenant acte du fait que ces clivages ne permettent plus de prendre en compte la complexité des réseaux au sein desquels évoluent « humains » et « non-humains »[2]. Les études animales cherchent à intégrer différents champs disciplinaires grâce à une approche qui transgresse parfois la culture universitaire en se présentant comme une « anti-discipline ». Leur but est de pallier l'éparpillement des sciences de l'homme et de la nature entre institutions et champs académiques divers et de les faire dialoguer, ce qui va parfois jusqu'à produire des hybrida-

[1] Descola, P. (2005) *Par-delà nature et culture.* Paris, Gallimard, p. 19.

[2] Haraway, D. (2003) *The Companion Species Manifesto. Dogs, People, and Significant Otherness.* Chicago, University of Chicago Press ; Latour, B. (1999) *Politiques de la nature. Comment faire entrer les sciences en démocratie*, Paris, La Découverte, « Armillaire ».

tions disciplinaires (ethnozoologie, zoopoétique, anthropozoologie, éthologie philosophique…).

Cette dynamique intellectuelle, assortie d'une réflexion éthique visant à réintégrer le « non-humain » dans le champ réflexif, nous incite à considérer que « les études animales sont bonnes à penser », comme en témoignent les différentes contributions de ce volume. Notre questionnement porte également, parfois indirectement, sur les résistances à cette nouvelle appréhension de l'animalité au sein de certaines disciplines. Ces résistances révèlent d'autres enjeux, autant religieux et idéologiques que politiques et économiques. Il reste effectivement des domaines pour lesquels les « études animales ne sont pas bonnes à penser ». Le titre de cet ouvrage souligne clairement les enjeux éthiques de la question animale. Il s'agit là d'un choix assumé face à une condition animale devenue inacceptable. Notre questionnement de départ implique une autre interrogation : les études animales amènent-elles concrètement un changement des pratiques au-delà de la prise de conscience ?

Cet ouvrage centré sur la question structurellement interdisciplinaire de la rencontre homme-animal contribue à créer des passerelles entre les différents courants des études animales, qui n'échangent pour l'instant que peu entre eux faute d'un terrain commun pour se comprendre et se répondre. Il est désormais indispensable de repenser nos disciplines en lien avec l'animal, et par là même de repenser les relations que nous entretenons avec les animaux non-humains[3].

La « question animale » est tellement structurante qu'elle opère un déplacement sur les frontières des disciplines et qu'elle conditionne le développement des débats. Elle reconfigure les disciplines elles-mêmes : la théologie s'ouvre à l'écothéologie et à une théologie de la création qui se penche plus volontiers sur la place de l'animal ; de la philosophie émerge la

---

[3] Cette deuxième grande interrogation fait l'objet d'un deuxième volume : Aurélie Choné, Isabel Iribarren, Marie Pelé, Catherine Repussard, Cédric Sueur, *Repenser la relation homme-animal : généalogie et perspectives*, Paris, L'Harmattan, collection Sciences et Société, 2020.

philosophie animale, de l'histoire l' « histoire animale », de la sociologie la « sociologie avec ou pour les animaux », des études littéraires les études animales littéraires, de l'éthique l' « éthique animale », du droit le « droit animal » ou « droit animalier » ; les études postcoloniales et les études visuelles s'intéressent de plus en plus à l'animal. Cette première partie questionne les décentrements épistémologiques et les ouvertures inter- et transdisciplinaires rendus nécessaires par les nouvelles postures qui font une place aux animaux.

Le chapitre I porte sur la place faite aux animaux au sein de la théologie, en particulier de la théologie protestante. Pour le philosophe des religions Frédéric Rognon, un réel intérêt pour le sort réservé aux animaux apparaît chez les théologiens protestants à la fin du XIXe siècle (Charles Gide), pour s'affirmer au début du XXe siècle (Albert Schweitzer, Wilfred Monod). L'auteur s'attache à analyser la possibilité de la construction et de la réception d'une théologie de la création, attentive à son prochain non-humain, mais aussi les résistances à ces conceptions, ainsi que les défis qu'il lui faut à présent relever.

Dans le chapitre II, l'éthologue Marie Pelé rappelle les grandes étapes de l'histoire de l'éthologie avant de porter son attention sur la primatologie. Les découvertes majeures de ces soixante-dix dernières années concernant les sociétés animales et les comportements culturels ont permis aux sciences animales et aux sciences humaines de se rencontrer, et ainsi de combler en partie le fossé qui séparait l'homme des autres espèces animales. Grâce aux études en primatologie, qui ont propulsé l'humain dans le monde animal, mais aussi les animaux dans le monde humain, il n'est plus choquant de parler d'intelligence, de justice ou bien encore de personnalité animales.

Il ne s'agit pas pour autant de nous satisfaire de l'étude d'une animalité spéculative car, selon l'historien Éric Baratay, il devient nécessaire de dépasser une approche centrée sur la notion d'espèces et de s'intéresser aux individus. Indispensable tant en éthologie que pour les sciences dites humaines centrées sur l'étude des relations entre hommes et animaux, l'histoire animale s'attache à l'étude du point de vue animal aussi bien que du point de vue humain sur cette interaction. Dans le chapitre III, Éric Baratay interroge les notions et les concepts, ainsi que les méthodes et les pistes à emprunter pour aborder les questions de la relation interindividuelle homme-animal.

Cet intérêt pour l'animal en tant qu'individu est partagé par Marion Thomas, historienne des sciences, qui retrace dans le chapitre IV la biographie de trois chimpanzés, Rose, Farce et Tarzan, capturés dans les forêts d'Afrique de l'Ouest à la fin du XIXe siècle, et devenus par la suite objets d'expérimentation au sein des Instituts Pasteur de Paris et de Kindia (Guinée française). Nous suivons la trajectoire de ces singes, entre milieu naturel et laboratoire, bactériologie et psychologie, métropole et colonies. Ces biographies permettent de montrer à quel point le savoir impérialiste imposa sa domination sur les savoirs des populations locales, alors que, sur le terrain, ces connaissances étaient indispensables aux scientifiques. La contribution de Marion Thomas réhabilite ainsi un savoir pendant longtemps minimisé, voire ignoré, dans la littérature scientifique : le « savoir indigène ».

La parole de l'« autre », quel qu'il soit, est discutée par la germaniste Catherine Repussard dans le chapitre V. Elle nous rappelle l'importance de la contribution des théories postcoloniales pour le décentrement culturel des regards dits « hégémoniques », qui a ouvert la voie à l'intégration d'une parole « autre », celle des subalternes, jusque-là largement confisquée. Ce chapitre se place à la fois dans le sillage de l'article majeur de Gayatri Spivak « Can the Subaltern Speak ? »[4] et des réflexions de Donna Haraway sur les « savoirs situés »[5].

---

[4] Spivak, G. C. (1995) "Can the Subaltern Speak?" In: Nelson, C. & Lawrence Grossberg, L. (eds.) (1988) *Marxism and the Interpretation of Culture*, University of Illinois Press, Chicago, 752 p.

[5] Haraway, D. (1989) *Primate Visions: Gender, Race, and Nature in the Word of Modern Science*, New York, Routledge & Keagan, 498 p.

Le chapitre VI s'intéresse aux études littéraires, en particulier au champ des études animales littéraires qui a émergé dans les années 2000 en France pour repenser les relations homme-animal et mettre en lumière les constellations complexes au sein desquelles sont négociées ces deux catégories. Passant du statut de « motifs littéraires », les animaux deviennent des signes permettant de lire les éléments constitutifs de notre culture. Dans ce chapitre, Aurélie Choné, germaniste et historienne des idées, s'interroge, à travers une mise en perspective franco-allemande, sur l'apparition, le développement et le statut des études animales littéraires en France et en Allemagne tout en se demandant si, et pour quelles raisons historiques et culturelles, les études littéraires et les études animales font « meilleur ménage » en Allemagne ou bien en France.

Dans le chapitre VII, le sociologue Jérôme Michalon revient sur les difficultés rencontrées par les sciences humaines et sociales, notamment la sociologie, pour intégrer l'étude des rapports humains-animaux dans leur champ. Après avoir retracé le développement des *Animal Studies*, il évoque les débats qui ont eu lieu autour de la création, au début des années 2000, d'une section « Animals & Society » au sein de l'*American Sociological Association*, et analyse la réception actuelle des *Animal Studies* dans le contexte français de la discipline sociologique.

Enfin, dans le chapitre VIII, les géographes Guillaume Marchand, Philippe Sierra et Farid Benhammou dressent un bilan des travaux qui ont permis à la géographie de s'ouvrir à la question animale. Ils font état des avancées sur les plans épistémologiques, conceptuels et méthodologiques, mais aussi des lacunes qui restent à combler. Ils évoquent également les difficultés que rencontrent certains géographes animaliers français pour faire reconnaître leurs conceptions des relations hommes-animaux ainsi que le statut de ces derniers, face à une tradition disciplinaire fortement marquée par l'anthropocentrisme.

Cet ouvrage fait suite à deux colloques organisés à l'Université de Strasbourg dans le cadre du programme 2017-

2018 de la Maison Interuniversitaire des Sciences de l'Homme-Alsace (MISHA) intitulé : « La rencontre homme-animal au croisement de la religion, de la culture et de la science. Généalogie et perspectives » et porté par Aurélie Choné et Catherine Repussard. Ces colloques ont également eu lieu dans le cadre du master Éthique à spécialisation « Éthique et Droit de l'animal » du Centre Européen d'Enseignement et de Recherche en Éthique (CEERE) de l'Université de Strasbourg et du programme de formation recherche 2017-2019 du Centre Interdisciplinaire d'Étude et de Recherche sur l'Allemagne (CIERA) : « Circulations et renouvellement des savoirs sur la nature et l'environnement en France et en Allemagne : vers des Humanités environnementales », porté par Aurélie Choné et Philippe Hamman.

Nous tenons à remercier toutes les institutions qui ont soutenu financièrement l'organisation de ces colloques : la MISHA, l'Institut Pluridisciplinaire Hubert Curien (IPHC UMR 7178), l'équipe de recherche EA 4377 de Théologie Catholique et de Sciences Religieuses, l'équipe de recherche EA 1341 Mondes germaniques et nord-européens, le Centre Interdisciplinaire d'Étude et de Recherche sur l'Allemagne (CIERA), le Centre Européen d'Enseignement et de Recherche en Éthique (CEERE) et la Fondation Droit animal, Éthique et Sciences (LFDA). Nous remercions également Ève Hoerth, Alexandre Zeitler et Nephtys Zwer pour leur soutien logistique lors de ces deux colloques et Brigitte Gaillard pour son aide précieuse pour l'édition de ce volume.

Chapitre I

L'émergence de la cause animale en théologie protestante

Frédéric Rognon

L'animalité a longtemps été négligée par les théologiens protestants, à commencer par les Réformateurs. Les résistances à la prise en compte de la question animale sont de divers ordres : culturels, identitaires, herméneutiques, et enfin proprement dogmatiques.

Culturels, car les protestants n'échappent évidemment pas au contexte anthropocentriste, voire spéciste, qui est celui de la société occidentale dans sa globalité, notamment depuis la Renaissance, et donc à l'époque de la Réforme. Dans son commentaire de l'épître de l'apôtre Paul aux Romains[6], Martin Luther met en évidence la vanité des créatures et la promesse de leur libération à venir, en se focalisant sur la créature humaine[7]. Dans ses *Propos de table,* le Réformateur affirme que « dans le royaume du ciel il y aura les chiens et les autres animaux » et que « Dieu créera de nouveaux toutous et de nouveaux petits chiens dont la peau sera d'or, les poils et boucles en pierres

---

[6] Cf. Romains 8, 18-24 : « J'estime que les souffrances du temps présent ne sauraient être comparées à la gloire à venir qui sera révélée pour nous. Aussi la création attend-elle avec un ardent désir la révélation des fils de Dieu. Car la création a été soumise à la vanité – non de son gré, mais à cause de celui qui l'y a soumise –, avec l'espérance qu'elle aussi sera affranchie de la servitude de la corruption, pour avoir part à la liberté de la gloire des enfants de Dieu. Or, nous savons que, jusqu'à ce jour, la création tout entière soupire et souffre les douleurs de l'enfantement. Et ce n'est pas elle seulement ; mais nous aussi, qui avons les prémices de l'Esprit, nous aussi nous soupirons en nous-mêmes, en attendant l'adoption, la rédemption de notre corps. Car c'est en espérance que nous sommes sauvés. Or, l'espérance qu'on voit n'est plus espérance : ce qu'on voit, peut-on l'espérer encore ? »

[7] Luther, M. (1985) *Commentaire sur l'épître aux Romains.* In : Œuvres – tome XII, Traduction française de Franck D.C. Gueutal, Genève, Labor et Fides, p. 130-134.

précieuses »[8]. Le statut de ces *Tischreden* n'est cependant pas comparable à celui de ses œuvres exégétiques : il convient plutôt d'y discerner une forme de légèreté, de plaisanterie, si ce n'est de dérision.

À ce frein général s'ajoute un facteur identitaire de démarcation à l'égard de la tradition romaine, qui fera longtemps obstacle par exemple au végétarisme, pratiqué dans les monastères ou par de nombreux croyants durant le Carême, et qui s'apparente ainsi aux yeux des protestants à une tendance crypto-catholique, c'est-à-dire légaliste.

Une résistance herméneutique s'exprime également, et paradoxalement, dans le geste même de retour à l'Écriture : ainsi, par exemple, Jean Calvin ne peut-il comprendre le Salut promis à « toutes les créatures », au chapitre 8 de l'épître aux Romains (8, 21), que comme une prosopopée destinée à réveiller les hommes pécheurs, et non comme une affirmation de foi à recevoir littéralement[9]. Et sa lecture de la Genèse le conduit à affirmer que « Dieu a créé toutes choses en vue de l'homme (…), a ordonné toutes choses à notre profit et salut », puisque « toutes créatures du monde nous sont assujetties »[10]. D'où la polémique de Calvin contre Virgile, qui soutenait que « les abeilles ont quelque portion d'esprit divin, et ont puisé du ciel quelque vertu, d'autant que Dieu s'épand par tous traits de terre et de mer comme par le ciel. De là les bêtes tant privées que sauvages, les hommes et toutes choses tirent quelques petites portions de vie, puis elles les rendent et se résolvent à leur principe, et ainsi qu'il n'y a nulle mort, mais que le tout vole au ciel avec les étoiles »[11]. L'hérésie panthéiste de ce « vilain poète » est condamnable aux yeux de Calvin.

---

[8] Luther, M. (1992) *Propos de table*. Traduction française de Louis Sauzin, Paris, Aubier, p. 337-338. Pour un commentaire plutôt bienveillant de ces passages, voir Bastaire, H., Bastaire, J. (2001) *Chiens du Seigneur*. Paris, Cerf, p. 114-115.

[9] Calvin, J. (1855) *Commentaire de l'épître aux Romains*. Paris, Ch. Meyrueis, p. 140-142.

[10] Calvin, J. (1995) *L'Institution Chrétienne*. Aix-en-Provence, Kerygma – Farel, livre I, ch. XIV, n°22, p. 130-131.

[11] *Ibid.*, livre I, ch. V, n°5, p. 22.

Enfin, un paramètre de la résistance à l'intérêt pour le sort des créatures non-humaines, s'avère être d'ordre proprement dogmatique : il réside dans l'accentuation du motif de la Rédemption au détriment de celui de la Création, avec la crainte, récurrente chez nombre de théologiens protestants, de verser dans la « théologie naturelle ». Cette dernière expression désigne la tendance à valoriser les capacités heuristiques des créatures, en s'appuyant sur la nature, au lieu d'accorder un statut éminent à la révélation du Créateur, qui se fait lui-même connaître aux hommes[12]. Dans le sillage des Réformateurs, la théologie protestante restera anthropocentriste, par conviction ou par indifférence envers le sort des créatures non-humaines. Le motif animal est parfois convoqué sur un mode sarcastique : lorsqu'au début du XIXe siècle, Schleiermacher définit la foi comme « le sentiment de la dépendance absolue », Hegel lui répond que « le chien serait ainsi le meilleur chrétien... »[13] Aussi, l'intérêt pour les animaux dans la théologie protestante ne commencera-t-il réellement à se développer qu'à la fin du XIXe siècle.

Nous chercherons donc à repérer les conditions de possibilité de l'émergence de la cause animale en théologie protestante.

---

[12] Cette résistance s'exprime encore en 1989, à travers la parution d'un petit livre, intitulé : *L'agitation et le rire*, en réaction au processus œcuménique *JPSC* (Justice, Paix et Sauvegarde de la Création). Signé par plusieurs figures d'autorité des Églises protestantes de France et des Facultés de théologie, cet ouvrage polémique cherchait à discréditer la théologie de la Création en la réduisant à une « théologie naturelle », ce qui a contribué à geler pour vingt-cinq ans les recherches et les efforts pour articuler un discours et une pratique responsables envers les générations futures au sein du protestantisme français. Voir également Manoël, M., Schlumberger, L., Bergeron, F., Parlier, J-L., Ansaldi, J., Causse, J-D., Bennahmias, R., de Cazenove, B. (1989) *L'agitation et le rire. Contribution critique au débat « Justice, paix et sauvegarde de la création »*. Paris, Les Bergers et les Mages. La prise au sérieux des défis écologiques par les instances officielles du protestantisme français ne date à proprement parler que du Colloque de novembre 2014 : « Terre créée, terre abîmée, terre promise... », qui a donné lieu à deux publications d'actes : *Terre créée, terre abîmée, terre promise... Écologie et théologie en dialogue*, Lyon / Paris, Éditions Olivétan / Fédération protestante de France, 2015 ; Barde, J-P. (dir.) (2017) *Crise écologique et sauvegarde de la Création. Une approche protestante*. Paris, Éditions Première Partie, 156 p.

[13] Hegel, G. W. F. (2001) *Écrits sur la religion (1822-1829)*. Paris, Vrin, p. 76.

Précisons néanmoins d'emblée que le champ que nous nous proposons d'explorer débordera celui de la théologie académique, puisque plusieurs des figures dont nous présenterons la pensée ne sont pas des théologiens professionnels ; mais leur approche et leur épistémologie sont conformes aux présupposés et aux normes heuristiques de la tradition théologique inaugurée par les Réformateurs du XVIe siècle.

Nous avons sélectionné huit auteurs, et réparti le corpus examiné en quatre grands moments : la fin du XIXe siècle (Charles Gide) ; la première moitié du XXe siècle (Albert Schweitzer, Wilfred Monod) ; l'immédiat après-guerre (Karl Barth) ; et enfin le troisième tiers du XXe siècle (Jacques Ellul, Jürgen Moltmann, Théodore Monod, et Gérard Siegwalt).

La fin du XIXe siècle

Charles Gide

La première émergence d'une attention spécifiquement théologique à la cause animale peut être repérée sous la plume de l'économiste protestant Charles Gide (1847-1932), l'oncle d'André Gide, promoteur du Christianisme social. Dans un article de 1888, intitulé : « Une classe de travailleurs oubliés »[14], il se propose de faire entrer les animaux dans l'humanité, au nom du principe d'unicité de la justice : les animaux, créatures aimées de Dieu, sont des êtres qui sentent, qui souffrent et qui travaillent (ce sont donc eux les « travailleurs oubliés »), qui ont donc des droits[15]. Quant à nous, nous avons des devoirs, et notamment le devoir d'aimer notre prochain ; or, « le meilleur moyen de s'exercer à aimer les hommes, c'est encore de commencer par aimer les bêtes »[16]. Charles Gide ne se contente donc pas du souci des êtres humains, proches comme lointains. Il s'engage également, de manière singulièrement précoce, en faveur des créatures sensibles que sont les animaux, qui souffrent notamment de la violence infligée par les hommes. C'est encore le cas dans une conférence intitulée :

[14] Gide, C. (1888) Une classe de travailleurs oubliés. In : Gide, C. (2001) *Les Œuvres de Charles Gide – L'Émancipation-volume III*, L'Harmattan, p. 48-51.
[15] *Ibid.*, p. 49.
[16] *Ibid.*, p. 51.

« Nos devoirs envers les animaux »[17], et publiée en 1902 dans la revue *Foi & Vie* :

> « Est-il besoin de vous dire qu'en toute occasion nous manquons gravement à ce devoir de bonté vis-à-vis des animaux, qu'à chaque instant nous leur infligeons des souffrances inutiles. D'abord pour nous amuser, tout simplement, et c'est là le plus révoltant, pour nous procurer quelques heures ou quelques minutes d'excitations semblables à celles que l'alcoolique cherche dans un petit verre – et j'aime encore mieux l'alcoolique[18]. »

Il s'élève donc en priorité contre la pratique de la corrida (ce qui ne manque pas d'audace dans le contexte culturel de la ville de Nîmes qui est le sien) : « Pour un observateur ce n'est pas dans l'arène qu'est le spectacle, c'est sur les gradins : c'est là qu'il voit de la foule surgir peu à peu la bête à face humaine et elle est bien plus effrayante que l'autre »[19].

Charles Gide décline ensuite les autres modes de souffrances que les hommes infligent aux animaux – alimentation, parure, zoo… :

> « Ce n'est pas seulement pour nous amuser que nous faisons souffrir les animaux, c'est pour notre gourmandise quand nous les engraissons de force comme les oies ou les porcs dans des boîtes sans lumière, quand nous les faisons cuire vivants comme des homards, quand nous les écorchons vifs comme des anguilles. – C'est aussi pour notre toilette, ou du moins pour la vôtre, mesdames, quand, pour être à la mode vous portez sur vos chapeaux non seulement des ailes, mais des corps d'oiseaux, parfois même, Dieu me pardonne ! d'hirondelles ! C'est une drôle de parure que de se mettre sur la tête une demi-douzaine de cadavres, tout un cimetière de petits oiseaux.

---

[17] Gide, C. (1902) Nos devoirs envers les animaux. In : Gide, C. *Propos d'actualité et d'inactualité*, p. 325-334.

[18] *Ibid.*, p. 329.

[19] *Ibid.*, p. 330. Sur le même thème, voir Gide, C. (1893) Sur les courses de taureaux. In : Gide, C. *L'Émancipation*, p. 73-75 ; « Mise à mort populaire ! » In : Gide, C. *L'Émancipation*, p. 220.

> Vous n'avez aucune idée de la quantité qui est massacrée chaque année. Je ne puis m'empêcher de penser à cette parole de Jésus, 'Ne vend-on pas cinq passereaux pour deux pites ? Et pourtant pas un seul ne tombe à terre sans la volonté de mon Père' (Mt 10, 29). Pas un seul ! Que doit-il donc penser, ce Père qui est aux cieux, du massacre de ces passereaux ?[20] »

Et Charles Gide termine son inventaire avec la vivisection : « Voilà certes où se trouve le maximum de souffrances et on peut dire sans hésiter, de tortures infligées aux animaux »[21]. Il s'interroge alors sur sa nécessité, sur la valeur d'une morale selon laquelle la fin justifie les moyens, et conclut sur un mode pour le moins inattendu : « La vivisection (...) ne devrait être permise qu'à ceux qui ont donné des preuves certaines de leur amour pour les bêtes, aux lauréats de la Société protectrice des animaux, par exemple »[22]. Charles Gide termine sa conférence en évoquant le Jardin d'Éden, où tous les animaux étaient les amis de l'Homme :

> « Quand le jour reviendra où les animaux seront heureux, où ce grand cri de souffrance, qui depuis lors monte de la terre au ciel comme une muette interrogation, sera apaisé, où nulle créature vivante ne souffrira plus par notre faute, alors ce sera signe que nous ne serons plus bien loin du Paradis retrouvé ![23] »

La défense des droits des animaux conduit Charles Gide, dans un autre article[24], à questionner l'option du végétarisme d'un point de vue chrétien. Il commence par dire que « cette doctrine concorde parfaitement avec l'idée que nous devons nous faire du royaume de Dieu »[25]. Il invoque à ce propos quelques versets bibliques, tirés de la Genèse et des prophètes :

---

[20] Gide, C. (1902) p. 331.
[21] *Ibid.*, p. 333.
[22] *Ibid.*
[23] *Ibid.*, p. 334.
[24] Gide, C. (1891) Les végétariens. In : Gide, C. *Propos d'actualité et d'inactualité*, p. 323-324.
[25] *Ibid.*, p. 323.

« Voici, je vous donne toute herbe portant de la semence et qui est à la surface de toute la terre, et tout arbre ayant en lui du fruit et portant de la semence, et ce sera votre nourriture » (Gn 1, 29) ; « Je vais créer de nouveaux cieux et une nouvelle terre. (...) Le loup et l'agneau paîtront ensemble, et le lion comme le bœuf mangera de la paille... » (Es 65, 17 et 25). Voyons à présent ce que Charles Gide en déduit :

> « Allons-nous conclure que nous devons tous nous faire végétariens et faire vœu d'abstinence ? Telle n'est point ma pensée, mais je crois sincèrement que l'homme n'était point fait par Dieu pour être carnivore – et quel carnivore ! À la façon des hyènes et des vautours qui se nourrissent de bêtes mortes ! Et que par le seul fait du progrès, de l'évolution sociale et de diverses causes économiques que je n'ai point à étudier ici, la nourriture animale deviendra de plus en plus rare et la nourriture végétale de plus en plus abondante. Déjà, par le fait, la nourriture animale est le privilège des classes riches, et l'immense majorité des hommes n'en mange que rarement. Eh bien, nous croyons que ce privilège – si on peut lui donner ce nom – tendra à disparaître de plus en plus, et qu'un jour sur la table de famille, où le père appelle la bénédiction de Dieu, on ne verra plus figurer des plats qui représentent la souffrance et la mort de quelque créature de Dieu[26]. »

Comme on le constate, Charles Gide ne préconise pas le végétarisme, mais en prévoit le succès. Ainsi étend-il à la Création tout entière les notions de « charité » et de « solidarité », étroitement conjuguées l'une à l'autre, et les attitudes qui leur sont liées.

---

[26] Gide, C. (1891), p. 324. Charles Gide s'est également élevé contre le trafic de l'ivoire. Voir à ce propos Gide, G. (1896) Le gaspillage des richesses naturelles. In : Gide, C. *L'Émancipation*, p. 96-97.

La première moitié du XXe siècle

Albert Schweitzer

Le second moment de la prise en compte de la question animale en théologie protestante concerne sans surprise Albert Schweitzer (1875-1965). La notoriété mondiale du médecin de Lambaréné, notamment depuis l'attribution du prix Nobel de la paix en 1952, est attachée à son éthique du « Respect de la vie ». Il aborde la question animale dans divers textes répartis dans plusieurs de ses livres. Dans deux ouvrages parus en 1923, *La civilisation et l'éthique*[27] et *La paix par le respect de la vie*[28], il affirme que toute destruction de vie, y compris pour des végétaux, doit passer au critère de la nécessité, et que la souffrance inutile est toujours inadmissible. L'expérimentation animale doit donc être condamnée lorsqu'elle n'a de fonction que didactique (pour montrer à des élèves des phénomènes universellement connus), ou qu'elle se déroule sans anesthésie pour aller plus vite et se simplifier le travail. Il précise :

> « En tirant d'affaire un insecte en détresse, je ne fais rien d'autre que d'essayer de payer quelque chose de la dette toujours renouvelée des hommes à l'égard des bêtes. Lorsqu'un animal est contraint d'être utilisé pour les besoins de l'homme, chacun de nous doit se préoccuper des souffrances qui en résultent pour lui. Nul ne doit permettre d'occasionner une douleur que rien ne peut justifier, dans toute la mesure où il peut l'empêcher[29].
>
> L'éthique du respect de la vie nous empêche de faire croire par un silence complice que nous sommes devenus insensibles à tout ce que les hommes pensants que nous sommes devraient ressentir. Elle nous incite à nous tenir mutuellement en éveil devant cette souffrance et à parler et agir sans crainte selon la responsabilité que nous sentons ensemble peser sur nous. Elle nous pousse à rechercher ensemble les occasions de venir en aide à des ani-

---

[27] Schweitzer, A. (1923/1976) *La civilisation et l'éthique*. Colmar, Éditions Alsatia, p. 178-180.

[28] Schweitzer, A. (1923/1979) *La paix par le respect de la vie*. Strasbourg, Éditions de la Nuée-Bleue, p. 311-312.

[29] Schweitzer, A. (1923/1976) *La civilisation et l'éthique*, p. 179.

maux en compensation de toute la misère où ils sont plongés par la main des hommes et de les faire ainsi échapper un instant à l'inconcevable horreur de l'existence[30]. »

Humanisme et mystique est une anthologie de différents textes classés par thématiques[31]. Un chapitre est consacré à la « Protection des animaux »[32]. Il comprend plusieurs prédications données à Strasbourg en 1908 et 1919 :

> « La nature nous pose une énigme insondable : pourquoi les êtres vivants sont-ils des sources de malheur les uns pour les autres, pourquoi leur vie s'écoule-t-elle avec une si cruelle indifférence, pourquoi sont-ils inaccessibles à la pitié ? Nous restons sans ressources devant ce mystère et tout ce que nous pouvons faire, c'est de nous efforcer à combattre les erreurs criantes[33].
>
> Ce que je vous demande est vraiment modeste : aucun sacrifice de temps ni d'argent, mais seulement ne pas rester un spectateur passif et élever la voix à la place des créatures qui ne savent parler, afin de ne pas ressembler au Lévite de la parabole. (...) Telle est la petite requête que je vous adresse en ce temps de l'Avent pour que nous devenions les ouvriers de la délivrance des animaux...[34] »

Dans un autre texte, Albert Schweitzer s'interroge sur l'indifférence de l'Église primitive à l'égard des animaux : sans doute n'a-t-elle pas fait de la compassion envers la vie animale l'objet d'un commandement, car elle attendait la fin imminente où toute créature serait délivrée de ses souffrances, selon la promesse énoncée dans l'épître aux Romains (8, 18-24). Mais aujourd'hui nous n'attendons plus la fin du monde à brève

[30] *Ibid.*, p. 180.
[31] Schweitzer, A. (1995) *Humanisme et mystique. Textes choisis et présentés par Jean-Paul Sorg*. Paris, Albin Michel, 532 p.
[32] *Ibid.*, p. 97-132.
[33] *Ibid.*, p. 105.
[34] *Ibid.*, p. 109.

échéance : il s'agit donc d'étendre notre sollicitude à tout ce qui vit[35].

On sait d'où vient cette orientation, ou réorientation, éthique, dans la pensée du médecin de Lambaréné. Albert Schweitzer relate ainsi le célèbre épisode de sa vie au cours duquel il a pris conscience de l'impérieux devoir de respecter toute vie : en septembre 1915, il naviguait à contre-courant sur le fleuve Ogooué, au Gabon, perdu dans ses pensées, cherchant en vain un principe universel pour l'éthique qu'il n'avait trouvé dans aucune philosophie.

> « Alors que nous avancions dans la lumière du soleil couchant, en dispersant au passage une bande d'hippopotames, soudain m'apparurent, sans que je les eusse pressentis ou recherchés, les mots 'Respect de la vie'. La porte d'airain avait cédé. La piste s'était montrée à travers le fourré. Enfin je m'étais ouvert une voie vers l'idée centrale où l'affirmation du monde et de la vie rejoint l'éthique. Je tenais la racine du problème. Je voyais maintenant comment une conception éthique du monde, disant oui à la vie et inspirant les valeurs de la civilisation, trouvait ses fondements dans la pensée. (…) Le fait le plus élémentaire que saisisse la conscience de l'homme peut être exprimé comme suit : 'Je suis vie qui veut vivre parmi d'autres vies qui veulent vivre'… (…) L'éthique provient de ce que je ressens la nécessité de témoigner à toute volonté de vivre le même respect pour la vie qu'à la mienne. De là ce principe fondamental de la conduite morale, qui s'impose en toute logique à la pensée : le bien consiste à conserver et à favoriser la vie ; le mal consiste à détruire la vie ou à l'entraver[36]. »

L'émergence de la cause animale dans la pensée d'Albert Schweitzer tient donc, si l'on fait crédit au témoignage de l'intéressé, à une intuition brutale survenue à l'occasion d'une

---

[35] Schweitzer, A. (1995) p. 116-120.

[36] *Ibid.*, p. 84-85. Voir également Kaempf, B. (éd.) (2006) *L'éthique d'Albert Schweitzer. Le Respect de la Vie toujours actuel.* Actes du Colloque Strasbourg 2005 publiés par Bernard Kaempf, Paris, Jérôme Do Bentzinger Éditeur.

expérience de communion avec la nature, et qui sut faire voler en éclats le carcan d'une morale traditionnelle.

Wilfred Monod

La troisième occurrence d'un investissement théologique de la cause animale est le fait de Wilfred Monod (1867-1943). Cette grande figure de la seconde génération du Christianisme social, professeur à la Faculté de Théologie protestante de Paris de 1909 à 1937, a consacré à la question animale de longues pages de son « Essai de théodicée », en date de 1934, et intitulé : *Le problème du bien*[37]. Dans le premier volume, il traite tout d'abord le problème du mal, notamment à travers le « Secret de l'animal »[38]. Et Wilfred Monod, loin de toute théologie naturelle, n'hésite pas à affirmer d'emblée que certaines scènes de la nature pourraient « faire perdre à jamais la notion officielle de Dieu »[39]. Il décrit alors longuement la cruauté des animaux entre eux : le règne de la souffrance humaine n'a commencé qu'il y a 125 000 ans, celui de la souffrance animale il y a 25 millions d'années. La loi suprême de la nature réclame le sacrifice total de l'individu à l'espèce. L'animal est instinctivement poussé à vivre et à faire vivre, mais il est mal outillé pour cela, comme un mutilé des deux mains contraint de saisir les objets dont il a besoin avec les dents. Qu'une épine pénètre la paupière d'un animal, il est incapable de l'extirper ; qu'un abcès lui enflamme la mâchoire, il ne peut réclamer de l'aide ni même préciser sa peine. Où est le Père dans tout cela ?[40]

À cette cruauté première s'ajoute la cruauté de l'homme : l'humanité devrait assumer la tâche d'orienter la bête vers un peu plus de lumière, mais elle préfère la brutaliser systématiquement, lui infliger inutilement des souffrances variées, dans un raffinement de cruauté. Et Wilfred Monod multiplie les descriptions et les anecdotes au sujet de la boucherie, de la chasse, du cirque et de la vivisection. Son tableau saisissant, dantesque, des abattoirs de la Villette ne peut manquer d'évoquer pour

---

[37] Monod, W. (1934) *Le problème du bien*. Paris, Félix Alcan, 3 volumes.
[38] *Ibid.*, volume 1, p. 594-648.
[39] *Ibid.*, p. 601.
[40] *Ibid.*, p. 615.

nous une anticipation (en 1934 !) de l'arrivée des trains à Auschwitz :

> « Il s'agit de victimes qui arrivent épuisées, après un voyage interminable par voie ferrée, quelquefois sans manger ni boire ; elles sont ensuite poussées, traînées, sous les coups et les injures, vers les assommeurs et les égorgeurs. L'atmosphère embuée de sang qu'elles respirent, et les hurlements qu'elles entendent, les accablent d'une lugubre terreur[41]. »

Wilfred Monod se défend de toute sentimentalité : n'ayant nullement cherché à occulter le tragique de la condition animale naturelle, il s'autorise à dénoncer la torture inutile, la souffrance infligée sans nécessité. À ce sujet, il n'élude pas la responsabilité des croyances religieuses, ni même celle des textes bibliques : « Les rudes falaises de l'Ancien Testament sont éclaboussées par un rouge Niagara : le culte mosaïque était un perpétuel égorgement de bêtes sacrifiées. Mais l'écarlate marée envahit même le Nouveau Testament »[42]. Wilfred Monod énonce cette objection capitale contre l'idée d'une Providence paternelle : pourquoi n'a-t-elle pas réservé des compensations posthumes à l'animal qui souffre ainsi gratuitement ? Il renonce donc à chercher le Père dans la nature et la Providence : le Dieu qu'il prie n'est pas l'univers, car il y demeure introuvable. La foi au Père commence par la négation de ce Dieu-là. C'est très exactement l'absence de Dieu dans la nature qui le rend possible dans les âmes. La non-existence de ce Dieu-là pourrait bien devenir l'argument suprême en faveur de l'existence du Père, à condition que l'on cesse de l'identifier avec l'énergie vitale sur notre globe, et même avec le Créateur. La nature reste muette sur les questions éthiques[43].

Après avoir ainsi traité le problème du mal, Wilfred Monod reprend plus rapidement la question animale dans son troisième volume consacré au problème du bien, dans un chapitre intitulé

---

[41] *Ibid.*, p. 620.
[42] *Ibid.*, p. 626.
[43] *Ibid.*, p. 640-642.

« Retour à la nature »[44]. Il se refuse donc à déifier la nature, à céder à sa fascination, pour s'en émanciper et n'en faire que le cadre où s'affirme l'Esprit salutaire. Le Royaume est le triomphe de l'Esprit sur la nature. Ce n'est qu'au prix d'une telle démystification, d'une telle dénonciation du panthéisme, que le chrétien peut s'engager dans le monde, au nom d'un Christianisme social qui est en réalité « intégral », avec la Rédemption comme ligne d'horizon.

On saisit la distance qui sépare Wilfred Monod d'Albert Schweitzer : pour le premier, une éthique du respect de la vie ne peut surgir de l'expérience de la nature, mais au contraire d'une posture d'opposition à cette nature. Wilfred Monod se réfère lui aussi, comme la plupart de nos auteurs, à l'épître de l'apôtre Paul aux Romains (8, 18-24), mais il en accentue la dimension de servitude à laquelle sont soumis la totalité des êtres vivants : la nature est promise à la délivrance, en attente de la Rédemption.

L'immédiat après-guerre

Karl Barth

Le théologien bâlois Karl Barth (1886-1968) aborde la question animale dans deux tomes de sa monumentale *Dogmatique* : les tomes 1[45] et 4[46] du volume III. Sa relecture des deux premiers chapitres de la Genèse le conduit à voir en l'animal à la fois un être semblable à l'homme et différent de lui, mais surtout un rappel vivant et permanent de sa propre dépendance. L'animal est un être inférieur à l'homme (qui est seul *Imago Dei*), il n'en est pas moins son compagnon et plus encore, son précurseur : tout ce qui se passera entre l'homme et Dieu, vie ou mort, se répercutera de manière significative au sein du règne animal et aura ainsi des témoins qui ne resteront pas muets. L'homme trouvera toujours devant lui l'essence même

---

[44] *Ibid.*, volume 3, p. 740-754.

[45] Barth, K. (1960), *Dogmatique,* 3e volume, tome 1, n°10, Traduction française de Fernand Ryser, Genève, Labor et Fides, p. 179-224. Texte original : *Die Kirchliche Dogmatik*, Zürich, Evangelischer Verlag Zollikon, 1945.

[46] Barth, K. (1965), *Dogmatique,* 3e volume, tome 4**, n°16, Traduction française de Fernand Ryser, Genève, Labor et Fides, p. 28-37. Texte original : *Die Kirchliche Dogmatik*, Zürich, Evangelischer Verlag Zollikon, 1951.

de la condition créée, et le mystère du sacrifice du Fils de l'Homme, comme animal égorgé, abattu et immolé[47].

La domination de la créature humaine sur les animaux a une signification précise : l'homme n'est pas leur Créateur et ne peut donc être pour eux un maître absolu ou un second dieu. Il est le témoin de Dieu et son représentant, l'exécuteur d'une mission qui n'inclut cependant pas l'exercice du droit de vie et de mort. Cette supériorité doit se manifester comme une grâce sans jamais devenir un but en soi[48].

L'homme ne peut-il donc priver à son profit l'animal de sa vie ? Tuer un animal, c'est anéantir une créature particulière, un être vivant existant une seule fois et possédant une individualité. Cela ressemble par conséquent à un meurtre, à cause de la parenté entre l'homme et l'animal, et c'est une menace pour la paix de la Création. Il faut donc en recevoir l'autorisation de Dieu lui-même : l'homme commet un crime lorsqu'il agit sans cette autorisation. S'il tue un animal, il doit savoir que la vie qu'il supprime appartient à Dieu, et qu'il ne peut le faire qu'en faisant appel à la grâce réconciliatrice de Dieu[49] : « Qui donc es-tu, toi, l'homme qui ose prendre sur toi de supprimer un être vivant pour maintenir, nourrir, enrichir ou agrémenter ta vie ? Qu'est-ce que ta vie elle-même pour que tu t'imagines avoir le droit de la préserver au prix d'une autre ? »[50].

> « Partout où l'homme exerce sa domination sur l'animal, et, à plus forte raison, dans chaque maison de chasse, dans chaque abattoir et dans chaque chambre de vivisection, il serait nécessaire d'inscrire en lettres de feu les fameuses paroles de Ro 8, 19 s. (...) Un bon chasseur, un honnête boucher et un vivisecteur consciencieux se distingueront des autres en ce que – dans leur tâche de mort – ils sauront percevoir les soupirs de la vie de la créature, et que, plus encore que tous ceux qui ont affaire à

[47] Barth, K. (1960) *Dogmatique,* 3e volume, tome 1, n°10, p. 190-191.
[48] *Ibid.*, p. 200-201.
[49] Barth, K. (1965) *Dogmatique,* 3e volume, tome 4**, n°16, p. 33-36.
[50] *Ibid.*, p. 35.

l'animal, ils se sentiront appelés à redoubler de prudence, de réserve, de retenue et de sollicitude[51]. »

Enfin, Karl Barth prend à son tour position sur le végétarisme, avec des arguments plus incisifs et plus sévères que ceux de Charles Gide :

> « On peut reprocher au végétarisme (...) de vouloir anticiper arbitrairement sur ce que Es. 11[52] et Rom. 8 décrivent comme l'existence dans le nouvel éon, objet de notre espérance. Par ailleurs, il arrive parfois que ce mouvement nous aille sur les nerfs à cause de ses inconséquences inévitables, de son sentimentalisme et de son fanatisme[53]. »

Les réflexions de Karl Barth sur la condition animale se situent à une période charnière : dans l'immédiat après-guerre, l'humanité sort d'un traumatisme insigne, et la priorité semble être d'affermir l'assise des droits de l'homme ; les mouvements de promotion des droits des animaux n'ont pas encore imprimé leur marque dans le paysage intellectuel et politique. La posture de Karl Barth est scripturocentrée, ce qui le conduit à la fois à pointer des exigences de respect de l'animal qui n'ont guère émergé par ailleurs, et à dénoncer toute dérive qui tendrait à confondre la condition présente des créatures avec les promesses eschatologiques.

Le troisième tiers du XXe siècle

Jacques Ellul

La cinquième figure que nous évoquerons est celle de Jacques Ellul (1912-1994). Le juriste de Bordeaux aborde la question des animaux dans plusieurs de ses livres et articles

---

[51] *Ibid.*, p. 36.

[52] Cf. Esaïe 11, 6-8 : « Le loup habitera avec l'agneau, et la panthère se couchera avec le chevreau ; le veau, le lionceau, et le bétail qu'on engraisse, seront ensemble, et un petit enfant les conduira. La vache et l'ourse auront un même pâturage, leurs petits un même gîte ; et le lion, comme le bœuf, mangera de la paille. Le nourrisson s'ébattra sur l'antre de la vipère, et l'enfant sevré mettra sa main dans la caverne du basilic ».

[53] Barth, K. (1965) *Dogmatique*, 3e volume, tome 4**, n°16, p. 37.

consacrés à des études bibliques. Dans *La Genèse aujourd'hui*[54], en date de 1987, il interprète l'ordre de *Dominium terrae* donné aux hommes (Gn 1, 26 et 28) comme une conséquence de l'*Imago Dei* : il ne s'agit donc pas de dominer sur les animaux par la contrainte et la violence, mais par l'amour, à l'image de Dieu dont l'homme est le représentant et le lieutenant (celui qui « tient lieu de... ») sur terre[55]. Jacques Ellul relit également Matthieu 10, 29 (« Pas un seul de ces passereaux ne meurt sans votre père »), souvent mal traduit (« sans la connaissance, ou sans la volonté de votre père »), comme un signe de la Providence : Dieu n'est pas la cause de leur mort, mais il est présent à leurs côtés à ce moment-là, il ne les laisse pas seuls[56].

Dans *Le livre de Jonas*[57], déjà, Jacques Ellul relevait l'amour particulier de Dieu envers les animaux : il ne détruit pas Ninive autant à cause d'eux qu'à cause des hommes, il ne les néglige donc pas dans l'œuvre du Salut, et c'est aussi pour eux que la Rédemption s'accomplit ; l'homme et les animaux sont sauvés ensemble[58]. Dans son article intitulé « Le rapport de l'homme à la Création selon la Bible »[59], publié en 1974, Jacques Ellul tire de sa relecture des textes bibliques diverses conséquences éthiques : l'homme doit manifester envers les animaux la même sollicitude que Dieu manifeste envers eux. Tuer et manger un animal reste à la limite du meurtre, et relève de l'ordre de la nécessité et non de la liberté : Dieu l'autorise mais pose une limite à l'excès de l'homme. Ce qui est dit au sujet de la vie l'est encore plus au sujet du travail : l'homme n'a pas le droit d'exploiter la totalité des forces de l'animal.

Aujourd'hui, l'élevage industriel constitue un traitement aussi criminel que les camps de concentration, car nous réduisons alors l'animal à de la viande, à une utilité économique, et

---

[54] Ellul, J., Tosquelles, F. (1987) *La Genèse aujourd'hui*. Le Collier, Éditions de l'AREFPPI.

[55] Ellul, J., Tosquelles, F. (1987) p. 74-76.

[56] *Ibid.*, p. 85-86.

[57] Ellul, J. (1952) *Le livre de Jonas*. In : Ellul, J. (2007) *Le défi et le nouveau. Œuvres théologiques. 1948-1991*. Paris, La Table Ronde, p. 117-198.

[58] *Ibid.*, p. 194.

[59] Ellul, J. (1974) Le rapport de l'homme à la Création selon la Bible. *Foi & Vie*, 73e année, 5-6 :137-155.

nions par là même l'amour que Dieu lui porte[60]. Être responsables de la Création, cela signifie pour les chrétiens répondre au Créateur qui leur demande des comptes. On ne peut donc se considérer comme responsables qu'en reconnaissant le Tout-Autre qui nous interroge. À l'encontre de la thèse de Lynn White selon laquelle le judéo-christianisme serait à l'origine de la crise écologique actuelle, Jacques Ellul affirme que c'est d'abord au contraire le fait que l'homme ne croit plus au Dieu créateur qui nous a conduits à un tel désastre, lequel ne fait que commencer : sous l'emprise de la mentalité technicienne, l'homme qui se déclare majeur et adulte n'est en réalité avant tout qu'un irresponsable[61].

En tant que disciple de Karl Barth, Jacques Ellul prolonge les analyses du théologien de Bâle, mais il en accentue la portée éthique dans le sens d'une posture transgressive à l'endroit des tendances lourdes de la société technicienne. C'est ce présupposé d'une opposition résolue à tout conformisme technicien qui le conduit à revisiter les textes bibliques, et de ce fait à renouveler le regard qu'un chrétien peut porter sur le statut de l'animal.

Jürgen Moltmann

Sixième figure d'une théologie attentive à la cause animale : Jürgen Moltmann (né en 1926). Après avoir développé dans les années 1960-1970 une théologie politique[62], le théologien réformé allemand opère au début des années 1980 un tournant vers les préoccupations écologiques[63], qui en fait aujourd'hui la

---

[60] *Ibid.*, p. 147.

[61] *Ibid.*, p. 151-152.

[62] Moltmann, J. (1970) *Théologie de l'espérance. Études sur les fondements et les conséquences d'une eschatologie chrétienne.* Traduction française de Françoise et Jean-Pierre Thévenaz, Paris, Les Éditions du Cerf, « Traditions chrétiennes ». Texte original (1964) *Theologie der Hoffnung. Untersuchungen zur Begründung und zu den Konsequenzen einer christlichen Eschatologie.* München, Chr. Kaiser Verlag.

[63] Moltmann, J. (1988) *Dieu dans la création. Traité écologique de la création,* Traduction française de Morand Kleiber, Paris, Les Éditions du Cerf, « Cogitatio Fidei ». Texte original (1985) *Gott in der Schöpfung, Ökologische Schöpfungsleher,* München, Chr. Kaiser ; Moltmann, J. (1993) *Jésus, le messie de Dieu,* Traduction française de Joseph Hoffmann, Paris, Les Éditions du Cerf, « Cogitatio Fidei ». Texte original (1989) *Der Weg Jesu Christi. Christologie in messianischen Dimensionen,* München, Chr. Kaiser Verlag.

référence principale des théologiens de la Création. *Le rire de l'univers*[64] est une anthologie qui rassemble ses principaux textes consacrés à la Création et dispersés dans différents ouvrages.

Jürgen Moltmann veut proposer des fondements spirituels aux remèdes à la crise écologique et nihiliste actuelle. Car ce n'est pas la Bible qui est coupable de la démesure de l'homme, puisque cette dernière s'origine dans la Renaissance, il n'y a guère que cinq siècles. On a alors instrumentalisé la tradition chrétienne, et notamment la transcendance de Dieu, pour légitimer l'exploitation sans scrupules de la nature et la réification des animaux. Il convient à présent d'enseigner que Dieu est aussi immanent que transcendant, à travers la notion d'inhabitation de Dieu dans sa Création : Dieu le créateur est présent par son Esprit cosmique dans chacune de ses créatures, hommes, animaux, plantes et roches. Si la nature n'est pas *Imago Dei*, elle est *Vestiga Dei*, vestige de l'Esprit créateur, reflet et lueur de la beauté divine. La Création demeure donc la propriété de Dieu, et l'homme n'a aucun droit à la prise de pouvoir sur elle. Si le Christ est mort d'une mort violente, c'est en solidarité avec tous ceux qui endurent la violence, y compris les animaux qui subissent la violence structurelle des hommes. Le Christ n'est pas mort seulement pour apporter la paix dans le monde des hommes, mais pour tout réconcilier dans le ciel et sur la terre (Éph 1, 3-10 ; Col 1, 15-20), c'est-à-dire les anges et les animaux, et apporter la paix dans toute la Création. Toute créature a donc une valeur infinie devant Dieu, et un droit propre à la vie, que les hommes doivent reconnaître au lieu de ne la juger qu'en fonction de sa valeur d'utilité pour lui.

La mort du Christ pour tous les êtres vivants, y compris les animaux, fonde leur dignité et donc le respect universel de la vie. Toute créature est ainsi au bénéfice de la rédemption du Christ, et appelée à la résurrection avec lui : la nature n'est pas du matériau manipulable au bénéfice de l'homme, car « toute créature est un être pour lequel le Christ est mort sur la croix,

---

[64] Moltmann, J. (2004) *Le rire de l'univers. Traité de christianisme écologique*, Anthologie réalisée et présentée par Jean Bastaire, Paris, Les Éditions du Cerf, « Théologies ».

afin de l'inclure dans la réconciliation du monde »[65], « un animal n'est pas une chose ou un produit, mais un être vivant qui a ses droits propres »[66]. Cette vision eschatologique de la réconciliation selon Éphésiens 1 et Colossiens 1 a pu paraître mythologique ou spéculative, mais sa pertinence existentielle apparaît aujourd'hui avec force devant la crise écologique. La réduction anthropocentrique a limité l'eschatologie à l'âme individuelle ; or, « personne n'a ou ne reçoit la vie éternelle pour lui tout seul, sans la communauté avec d'autres hommes et sans la communauté avec la création tout entière »[67].

L'aura dont bénéficie aujourd'hui Jürgen Moltmann dans les cercles écologistes chrétiens tient sans doute à ce vigoureux effort qu'il a accompli pour ancrer la cause animale dans une tradition théologique tout à fait orthodoxe, et qui pourtant l'avait négligée. Entre les deux écueils de la sécularisation et du conservatisme doctrinal, il opère ainsi une reconfiguration de la théologie elle-même, rendue attentive aux espèces non-humaines, et au traitement de la Création tout entière.

Théodore Monod

Le célèbre naturaliste Théodore Monod (1902-2000), fils de Wilfred Monod, a été un militant actif de la cause animale. Dans son dernier livre publié juste après sa mort, *Et si l'aventure humaine devait échouer* (2000), il consacre une trentaine de pages aux rapports entre le christianisme et les animaux, sous le titre : « L'animal face à la pensée et à la morale chrétiennes »[68]. Il s'insurge contre le désintérêt et le silence des Églises à l'endroit de la condition animale. Il n'hésite pas à mettre en question le texte biblique lui-même, trop peu sensible à ses yeux à la souffrance des animaux, mais aussi à la guerre et à l'esclavage ; néanmoins, si, selon l'auteur, la lettre de la Bible reste prisonnière de son temps, c'est son esprit qu'il s'agit d'approfondir

---

[65] Moltmann, J. (2004) p. 111.

[66] *Ibid.*, p. 113.

[67] *Ibid.*, p. 121.

[68] Monod, T. (2000) *Et si l'aventure humaine devait échouer.* Paris, Grasset, p. 175-207 ; Monod, T. (1999) *Révérence à la vie.* Paris, Grasset, p. 81-101 ; Monod, T. et l'Abbé Pierre (2000) *En route vers l'Absolu.* Paris, Flammarion, p. 169-173.

dans ses implications éthiques au sujet de questions que le contexte culturel de l'époque ne permettait pas d'aborder. Théodore Monod est plus sévère envers la tradition chrétienne, et notamment à l'encontre des théologiens qui ont de tout temps considéré que l'animal n'avait été créé que pour le profit de l'homme, et qui n'ont condamné la cruauté envers les animaux que parce qu'elle pouvait conduire à la cruauté envers les hommes. Il relève néanmoins quelques exceptions : François d'Assise, Wilfred Monod, Albert Schweitzer, Jacques Ellul, Eugen Drewermann, et quelques autres théologiens éclairés.

Mais Théodore Monod déplore que les Églises soient muettes et absentes des efforts de promotion de la cause des animaux : « Si le mouvement pour les droits de l'animal existe désormais et se développe, force est de reconnaître que la pensée chrétienne traditionnelle n'y est pour rien »[69]. Et le naturaliste de conclure par une interpellation et une exhortation formulées en ces termes :

> « Les Églises vont-elles se joindre au grand mouvement d'idées qui s'amorce, comme aux actions que celui-ci implique ? Le voudront-elles ? Et même le pourront-elles, si l'on mesure l'ampleur de la mutation qui exigerait leur conversion à un idéal de pitié et de fraternité pour l'animal ? Auront-elles le courage de condamner ouvertement et vigoureusement la cruauté sous toutes ses formes ?[70] »

Non sans un certain décalage par rapport aux autres figures ici évoquées, Théodore Monod se situe donc sur le registre de la militance, à commencer par celle qui vise à engager une mutation au sein même des Églises. Ce faisant, il cherche, à proprement parler, à entraîner la théologie sur le terrain de la *praxis*, au nom d'un idéal chrétien d'incarnation.

Gérard Siegwalt

Enfin, notre huitième (et dernière) étape se fera en compagnie de Gérard Siegwalt (né en 1932). Depuis les années 1960,

---

[69] Monod, T. (2000) p. 203.
[70] *Ibid.*

le théologien alsacien plaide en faveur d'un dialogue entre théologie et sciences. Il déplore en effet la concentration de la théologie sur la sotériologie, et l'invite à réinvestir les thématiques de la Création et du cosmos[71]. Cette théologie de la Création, ou « Cosmologie théologique »[72], déborde largement la question animale, mais elle l'englobe, tout en lui conférant un statut éminent : en effet, déclare Gérard Siegwalt en 1996, « c'est au niveau du règne animal qu'apparaît de la manière la plus voyante l'alliance brisée de l'homme, plus précisément de la civilisation moderne et contemporaine, avec la nature »[73]. Et il n'hésite pas à dire, reprenant une expression biblique au sujet de la relation entre l'homme et la femme, que le règne animal est « chair de la chair » de l'homme[74]. Il s'en explique en ces termes, avant d'en tirer des conséquences éthiques :

> « Le règne animal est celui qui porte directement le règne humain. La fonctionnalisation du premier prépare celle du second, et celle du second implique celle du premier. La violence ou la barbarie vis-à-vis des animaux est liée à une violence, une barbarie potentielle, devenant toujours à nouveau réelle, entre humains. Si le vivant animal n'est pas sacré dans le sens d'être intouchable, il comporte comme toutes choses une dimension dernière, ou sacrée, une dimension de transcendance ; autrement dit, dans le

---

[71] Siegwalt, G. (1980) « *L'Université, les sciences et la théologie. Un projet de dialogue interdisciplinaire.* » In : Siegwalt, G. (dir.) *La nature a-t-elle un sens ? Civilisation technologique et Conscience chrétienne devant l'inquiétude écologique*, Strasbourg, Association des publications près les Universités de Strasbourg, « Travaux du CERIT », p. 7-14 (ici p. 8).

[72] Siegwalt, G. (1996) *Dogmatique pour la catholicité évangélique. Système mystagogique de la foi chrétienne. III – L'affirmation de la foi. 1. Cosmologie théologique : Sciences et philosophie de la nature.* Genève / Paris, Labor et Fides / Les Éditions du Cerf. ; *Dogmatique pour la catholicité évangélique. Système mystagogique de la foi chrétienne. III – L'affirmation de la foi. 2. Cosmologie théologique : Théologie de la création*, Genève / Paris, Labor et Fides / Les Éditions du Cerf.

[73] Siegwalt, G. (1996) *Dogmatique pour la catholicité évangélique. Système mystagogique de la foi chrétienne. III – L'affirmation de la foi. 1. Cosmologie théologique : Sciences et philosophie de la nature*, p. 248.

[74] *Ibid.*, p. 252.

commerce de l'homme avec le vivant animal se joue quelque chose de ce dernier.[75] »

Gérard Siegwalt s'élève donc contre la réduction de l'animal à sa fonctionnalité, et plaide en faveur de la notion de droits des animaux, à commencer par les droits à la protection et au respect. Cela ne le conduit pas à prôner le végétarisme, le végétalisme ou le véganisme, mais il aborde ces questions sur un plan eschatologique et non seulement éthique :

> « Tuer un animal pour se nourrir, se vêtir, se guérir… n'est jamais un acte banal ; ce n'est un acte humain, digne de l'homme, que si la nécessité de l'acte est aussi sa responsabilité, que si l'homme en répond devant l'animal, devant le règne animal, devant lui-même et les autres hommes, devant le tout des choses et devant l'Un, que s'il assume aussi, le cas échéant, la culpabilité de l'acte, en en portant les conséquences dans son âme, devant les autres et devant l'Être des étants lui-même.[76] »

Dans un texte plus récent[77], en date de 2011, et intitulé : « Des animaux et des humains », Gérard Siegwalt relit les textes bibliques concernant la Création et l'eschatologie :

> « Le récit de la Genèse invite au respect : l'être humain a vocation à cultiver, préserver, garder la nature aussi pour les générations futures, et non à l'exploiter. (…) Dans la tradition judéo-chrétienne, il y a conscience d'une responsabilité. L'être humain est la dernière créature qui se tient sur les épaules d'une création qui le devance. Il est donc redevable pour sa vie de cette création et du Créateur.[78] »

---

[75] *Ibid.*

[76] *Ibid.*, p. 253.

[77] Siegwalt, G. (2011) Des animaux et des humains. In : Siegwalt, G. *Le défi scientifique. L'ébranlement de la civilisation moderne – l'université et la théologie – et la sauvegarde de la création. Écrits théologiques III.* Paris, Les Éditions du Cerf, « Patrimoines », p. 417-419.

[78] *Ibid.*, p. 417.

Et son interprétation de Romains 8, mais aussi des évangiles, le conduit à affirmer qu'« il y a aussi une espérance et une promesse pour l'ensemble de la création »[79].

Fort de son expérience de dialogues tous azimuts, avec les sciences de la nature comme avec les traditions religieuses et spirituelles non-chrétiennes, Gérard Siegwalt est à l'évidence le théologien universitaire protestant qui a intégré avec le plus de vigueur la cause animale dans les attendus, les axes majeurs, les enjeux théoriques et les prolongements éthiques de sa propre pensée théologique.

Conclusion

Après ce rapide parcours, que nous aurions pu enrichir en citant encore quelques autres figures, cherchons à identifier, en conclusion, les facteurs d'émergence de la cause animale en théologie protestante. Le principal moteur de cette percée théologique nous semble se situer dans le processus de dilatation conceptuelle que subissent des notions théologiques telles que « le prochain », « la justice », « la compassion », « la rédemption », « le salut », et même « l'humanité », qui, au lieu de rester étroitement liées au statut des êtres humains, s'élargissent en direction des êtres vivants non-humains. Ceci nous autorise à dire que les théologiens protestants que nous avons cités restent tous anthropocentristes, tout en cessant d'être spécistes.

L'intérêt pour la question animale ne se révèle pas de manière univoque, mais sous diverses modalités : extension du paradigme socio-politique de la solidarité (Charles Gide), éthique du Respect absolu de toute vie (Albert Schweitzer), théodicée orientée vers la Rédemption (Wilfred Monod), théocentrisme et scripturocentrisme aux conséquences éthiques modérées (Karl Barth), renouvellement de l'exégèse et critique théologique de la société technicienne (Jacques Ellul), théologie de la Création et écologie chrétienne (Jürgen Moltmann), engagement militant et critique acerbe de la tradition théologique (Théodore Monod), et enfin volonté de dialogues interdisciplinaires et interconfessionnels (Gérard Siegwalt).

---

[79] *Ibid.*, p. 419.

Mais en articulation avec cette diversité de présupposés et d'approches, il est une autre diversité qui nous a intrigués au cours de cette enquête. Les théologiens qui ont amorcé ce mouvement de dilatation conceptuelle, appartiennent en effet à tous les grands courants théologiques (souvent rivaux et engagés dans de vives disputes) au sein du protestantisme : Christianisme social pour Charles Gide et Wilfred Monod, libéralisme théologique pour Albert Schweitzer et Théodore Monod, théologie dialectique pour Karl Barth et d'inspiration barthienne pour Jacques Ellul, théologie politique marquée par Ernst Bloch pour Jürgen Moltmann, et enfin théologie de la récapitulation d'inspiration tillichienne pour Gérard Siegwalt. Ce point capital nous conduit à conclure que toute théologie est en capacité de se convertir à la prise en compte de la cause animale. C'est à la fois pour nous une raison de rendre hommage au courage de ces hommes qui ont fait bouger les lignes au sein même de leurs propres familles théologiques, mais c'est surtout un motif d'espérance, et un défi à relever pour l'avenir.

Chapitre II

La primatologie : un tremplin formidable pour les études animales

Marie Pelé

Introduction

À la question *Les études animales sont-elles bonnes à penser ?*, l'éthologie ne peut répondre que par l'affirmative. Discipline biologique relativement récente, l'éthologie étudie avant tout le comportement[1] de l'animal dans son milieu naturel mais aussi ses déterminants physiologiques, psychologiques et écologiques. L'éthologie fait donc le lien avec de nombreuses autres disciplines telles que la physiologie, la psychologie, l'écologie, mais aussi les neurosciences, l'anthropologie, ou encore la sociologie.

C'est au début des années mille neuf cent soixante que le naturaliste néerlandais Niko Tinbergen structure l'éthologie dite moderne autour de quatre questions[2]. La première question de Tinbergen aborde l'ontogenèse du comportement ; il s'agit de déterminer comment un comportement se met en place au cours du développement d'un individu. On sait aujourd'hui que très peu de comportements sont à cent pour cent héréditaires mais sont au contraire le résultat d'un complexe équilibre entre le génome de l'individu et son environnement. La seconde question de Tinbergen fait référence à la phylogenèse du comportement ;

[1] Classiquement, le comportement est défini comme toute réaction motrice observable d'un individu dans un lieu donné à un moment particulier.

[2] En 1963, le naturaliste et physiologiste Niko Tinbergen publie dans la revue *Ethology*, l'article intitulé *On aims and methods of ethology* dans lequel il aborde l'étude du comportement sous la forme de quatre questions qui sont encore appelées les quatre questions de Tinbergen. En 1973, Niko Tinbergen, Konrad Lorentz et Karl von Frisch reçoivent le prix Nobel de physiologie ou médecine pour leurs découvertes concernant l'organisation et l'incitation des comportements individuels et sociaux.

il s'agit ici de déterminer comment un comportement se met en place au cours de l'histoire évolutive d'une espèce. Pour répondre à cette question, les comportements d'espèces génétiquement proches sont comparés pour ensuite être replacés sur un arbre phylogénétique. Ontogenèse et phylogenèse n'ont donc pas les mêmes référents temporels, puisque la première se place à l'échelle de la vie d'un individu alors que la seconde se place à l'échelle de l'évolution et du mécanisme qui la sous-tend à savoir la sélection naturelle. La troisième question de Tinbergen vise le ou les mécanismes nécessaires au comportement et par là même la machinerie physiologique (hormones, muscles, nerfs, etc.) qui contrôle le comportement. Enfin, la quatrième question de Tinbergen interroge la fonction du comportement, quant aux conséquences sur la survie de l'individu mais aussi aux conséquences sur son succès reproducteur. Les questions portant sur l'ontogenèse et les mécanismes du comportement sont dites proximales car elles s'attachent à ses causes immédiates tandis que les questions portant sur la phylogenèse et la fonction du comportement sont dites ultimes car elles s'attachent à ses causes évolutives. Plusieurs échelles de temps et d'espace sont ainsi utilisées pour maximiser notre compréhension de l'animal dans toute la pluralité de sa classification.

Une sous-discipline de l'éthologie est la primatologie qui, comme son nom l'indique, s'intéresse plus particulièrement à l'étude du comportement des primates, dont *Homo sapiens* fait partie, mais qui pourra voir se détacher l'éthologie humaine de son tronc commun. Ainsi, il est courant de voir se distinguer dans les travaux scientifiques les primates dits non humains et les primates humains. La primatologie est intéressante car elle est une passerelle entre l'être humain et ses plus proches cousins phylogénétiques. La primatologie permet souvent de faire le lien entre les sciences dites humaines, les humanités et les sciences de la vie. Les découvertes récentes en primatologie ont permis de réduire le fossé existant entre l'Homme et les autres espèces de primates, en ayant pu ainsi démontrer chez les animaux des caractéristiques que l'on pensait jusque-là uniquement humaines. Il n'est ainsi plus question de mettre en doute la capacité des primates de résoudre des problèmes d'ordre physique mais également social[3], de montrer et de reconnaître des émotions[4], de posséder des bases économiques[5], d'être capables de ressentir (sentience)[6] voire de posséder des rituels[7]. Sans compter que ces découvertes permirent d'étendre l'intérêt des scientifiques aux non-primates dont certaines espèces jusque-là délaissées par les chercheurs comme les animaux marins, les insectes ou encore les animaux d'élevage. Je me propose ici de présenter certaines de ces découvertes sachant qu'il est bien évident que les noms relevés dans ce chapitre n'ont rien d'exhaustif.

Le Japon, le berceau de la primatologie de terrain

C'est dans le Japon d'après-guerre que Kinji Imanishi, naturaliste, entomologiste et professeur d'anthropologie à l'Université de Kyoto délaisse son modèle d'étude, les chevaux sauvages de la péninsule du cape Toï au sud de l'île principale de Kyushu, pour les singes endémiques de l'archipel nippon, les macaques japonais (*Macaca fuscata*). Il vient de rentrer des steppes mongoles où il observait les chevaux. Choqué par un Japon au sortir de la guerre, Kinji Imanishi espère toucher certains aspects des sociétés humaines par l'étude des groupes de macaques. L'anthropologue devient ainsi primatologue. Il met en place une méthodologie peu conventionnelle pour l'époque puisqu'il décide d'identifier les singes à l'aide de codes alphanumériques, comme il le faisait avec les chevaux en Mongolie. Pour les approcher au plus près et reconnaître les singes, Kinji Imanishi et ses assistants, Jun'Ichiro Itani et Shunzo Kawamura, approvisionnent en nourriture les animaux, réduisant ainsi leur distance de fuite. Kinji Imanishi et ses assistants se séparèrent en petites

---

[3] Tomasello, M., Call, J. (1997), *Primate Cognition*. Oxford, Oxford University Press, 526 p.

[4] de Waal, F. B., Ferrari, P. F. (eds.) (2012), *The Primate Mind-Built to Connect with Other Minds*. Harvard, Harvard University Press, 416 p.

[5] Dufour, V., Pelé, M., Neumann, M., Thierry, B., Call, J. (2008) Calculated reciprocity after all: computation behind token transfers in orang-utans. *Biology Letters*, 5 (2): 172-175.

[6] Duncan, I. J. (2006), The changing concept of animal sentience. *Applied Animal Behaviour Science*, 100 (1-2): 11-19.

[7] Kühl, H. S., Kalan, A. K., Arandjelovic, M., Aubert, F., D'Auvergne, L., Goedmakers, A., *et al.* (2016) Chimpanzee accumulative stone throwing. *Scientific Reports*, 6: 22219.

équipes et durant les sept années qui suivirent, ils observèrent 19 groupes de macaques japonais répartis dans tout le Japon. Au total, ils passèrent près de 1500 jours d'observation dans la forêt pour observer les singes dans leur habitat naturel. Depuis, c'est une quarantaine de groupes de macaques japonais qui ont été observés au cours de ces soixante-dix dernières années de l'île de Yakushima au sud du Japon à la péninsule de Shimokita à l'extrême nord de l'île principale Honshu.

Le travail initié par Kinji Imanishi, Jun'Ichiro Itani et Shunzo Kawamura fait des macaques japonais l'une des espèces de primates la plus observée et la plus étudiée au monde[8]. L'on sait désormais que les macaques japonais vivent en groupes sociaux d'une quarantaine d'individus en moyenne comprenant des mâles, des femelles et leurs petits. Au sein de chaque groupe, une hiérarchie de dominance-subordination s'établit sous la forme de clans familiaux entre les femelles en parallèle d'une hiérarchie linéaire entre les mâles. L'on sait également qu'il existe une période de reproduction en hiver suivie d'une période des naissances au printemps et que, contrairement aux mâles qui émigrent, les femelles restent toute leur vie dans le groupe qui les a vues naître. Les groupes de macaques japonais apparaissent ainsi structurés et constitueront pour Kinji Imanishi et bien d'autres chercheurs après lui, une base de réflexion solide quant à la mise en place de sociétés animales et l'évolution des sociétés humaines[9].

Mais les macaques japonais sont surtout connus pour être la première espèce animale chez qui la transmission non génétique d'un nouveau comportement d'un individu à un autre a pu être mise en évidence. Ce comportement plus connu sous le nom de lavage de patates douces[10] a été initié par une jeune femelle, pré-

---

[8] Nakagawa, N., Nakamichi, M., Sugiura, H. (eds.) (2010) *The Japanese Macaques*. Springer Science & Business Media, 404 p.

[9] Yamagiwa, J. (2013) The legacy of Kinji Imanishi-Kyoto University's heritage of fieldwork. Research activities. Voir le site: http://www.kyoto-u.ac.jp/ja/about/public/issue/research_activities/documents/2014/vol3no4/3-4-4_history.pdf.

[10] Kawai, M. (1963) On the newly-acquired behaviors of the natural troop of Japanese monkeys on Koshima Island. *Primates*, 4 (1): 113-115; Hirata, S., Watanabe, K., Masao, K. (2008) *"Sweet-potato washing" revisited.* In : Primate Origins of Human Cognition and Behavior, Tokyo, Springer, p. 487-508.

nommée par la suite *Imo* (patate douce en japonais), qui commença à plonger dans l'eau douce d'une rivière les légumes terreux distribués par Kinji Imanishi et son équipe. Ce comportement a ensuite été adopté par d'autres individus par le mécanisme d'apprentissage social appelé *accentuation locale*[11]. Celui-ci ne repose pas sur la compréhension du but ou l'intention de copier, seulement sur le fait que de nouveaux individus, par des paramètres environnementaux similaires, recréent l'innovation comportementale. Ainsi, les apparentés et les affiliés d'Imo ont été attirés par l'endroit où cette dernière lavait ses patates douces. Se retrouver au bord de la rivière avec des légumes n'a fait qu'accroître la chance de ces individus d'associer les évènements entre eux : plonger la patate douce dans l'eau douce la rend meilleure à la dégustation. Certains individus ont ensuite modifié ce premier apprentissage en plongeant directement les patates douces dans l'eau de mer leur donnant en plus un petit goût salé. Le schéma *émergence > transmission > modification* observé chez ces animaux permet à Kinji Imanishi et ses collègues de soutenir la thèse de l'évidence de protoculture chez les macaques japonais. Kinji Imanishi ira même jusqu'à inventer le terme *kaluchua* – tiré du mot anglais *culture* – pour désigner la transmission de ces nouveaux comportements chez ces animaux. Cette découverte fera sauter un premier verrou puisque *Homo sapiens* ne semble plus être la seule espèce animale à montrer des comportements de type culturel.

Depuis le travail novateur de Kinji Imanishi, de nombreuses autres innovations comportementales ont pu être observées et étudiées chez les macaques japonais[12] mais aussi chez d'autres espèces animales plus ou moins phylogénétiquement éloignées de l'être humain. Ainsi des techniques de chasse chez des

---

[11] Robert, M. (1970) Apprentissage vicariant chez l'animal et chez l'humain. *L'Année psychologique*, 70 (2) : 505-542 ; Chalmeau, R., Gallo, A. (1993) La transmission sociale chez les primates. *L'Année Psychologique*, 93 (3) : 427-439.

[12] Les macaques japonais montrent des comportements culturels dans de nombreux domaines comme leur alimentation, le jeu, la manipulation d'objets ou encore leurs relations sociales. Voir Leca, J. B., Gunst, N., Pelletier, A. N., Vasey, P. L., Nahallage, C. A., Watanabe, K., Huffman, M. A. (2016) A multidisciplinary view on cultural primatology: behavioral innovations and traditions in Japanese macaques. *Primates*, 57 (3): 333-338.

orques[13] et des dauphins[14], d'extraction de nourriture chez des chimpanzés[15], ou encore de chants chez les oiseaux s'apprennent au sein des groupes et varient en fonction des populations. Pourtant, l'emploi du terme *culture* pour désigner la transmission non génétique de nouveaux comportements chez des animaux non humains ne fait pas l'unanimité, certains lui préférant le terme de *tradition*[16]. Andrew Whiten et Carel van Schaik proposent alors une pyramide de la culture animale[17]. À sa base, se trouve le transfert d'informations d'un individu à l'autre, très répandu chez des espèces de vertébrés mais aussi d'invertébrés, notamment les insectes[18]. Cependant, les effets d'un tel apprentissage social étant souvent transitoires, seul un sous-ensemble de ces transferts se manifeste au niveau supérieur, celui de la tradition. Plus rarement encore, une culture pourra émerger au sein d'une espèce par la mise en place de traditions multiples au sein des différentes populations. Au niveau le plus élevé, la culture cumulative se produit lorsque des traditions plus complexes émergent de traditions antérieures plus anciennes, constituant typiquement ce que l'on retrouve chez l'être humain. Chez ce dernier, la maîtrise de la représentation graphique dont découlent le symbolisme et l'écriture représente une étape majeure de son évolution.

---

[13] Visser, I. N., Smith, T. G., Bullock, I. D., Green, G. D., Carlsson, O. G., Imberti, S. (2008) Antarctic peninsula killer whales (*Orcinus orca*) hunt seals and a penguin on floating ice. *Marine Mammal Science*, 24 (1) : 225-234 ; Riesch, R., Barrett-Lennard, L. G., Ellis, G. M., Ford, J. K., Deecke, V. B. (2012) Cultural traditions and the evolution of reproductive isolation: ecological speciation in killer whales? *Biological Journal of the Linnean Society*, 106 (1): 1-17.

[14] Rendell, L., Whitehead, H. (2001) Culture in whales and dolphins. *Behavioral and Brain Sciences*, 24 (2): 309-324.

[15] Whiten, A., Goodall, J., McGrew, W. C., Nishida, T., Reynolds, V., Sugiyama, *et al.* (1999) Cultures in chimpanzees. *Nature*, 399 (6737): 682.

[16] Laland, K. N., Janik, V. M. (2006). The animal cultures debate. *Trends in Ecology & Evolution*, 21 (10): 542-547; Galef, B. G. (1992) The question of animal culture. *Human Nature*, *3*(2), 157-178.

[17] Whiten, A., Van Schaik, C. P. (2007) The evolution of animal 'cultures' and social intelligence. *Philosophical Transactions of the Royal Society B: Biological Sciences*, 362 (1480): 603-620.

[18] Leadbeater, E., Chittka, L. (2007) Social learning in insects—from miniature brains to consensus building. *Current Biology*, 17 (16) : R703-R713.

La primatologie ou la reconnaissance de l'éthologie à grande échelle

Chez les primates, l'innovation et la transmission de techniques se retrouvent pour beaucoup dans l'utilisation d'outils, notamment pour extraire de la nourriture. L'une des premières à s'être intéressée de manière plus systématique à ce type de comportement chez les animaux est Jane Goodall. Avec Biruté Galdikas et Dian Fossey, les trois furent surnommées *Trimates* mais également les *Anges de Leakey* en référence au paléontologue et archéologue Louis Leakey qui les guida et les conseilla dans leurs recherches : Jane Goodall auprès des chimpanzés (*Pan troglodytes*) du Parc National de Gombe Stream en Tanzanie, Dian Fossey auprès des gorilles (*Gorilla gorilla beringei*) des montagnes des Virunga au Rwanda et Biruté Galdikas auprès des orangs-outangs de Bornéo (*Pongo pygmaeus*) en Indonésie. Ces trois primatologues sont devenues des figures emblématiques de la discipline, notamment par leur engagement personnel et quasi immédiat en faveur de la protection des espèces animales[19]. Si Kinji Imanishi peut être considéré comme le père de la primatologie de terrain, Jane Goodall, Dian Fossey et Biruté Galdikas en sont sans nul doute les mères fondatrices.

Jane Goodall a 26 ans quand elle part en Afrique avec sa mère pour observer les chimpanzés sauvages. Elle n'a aucune formation scientifique et, plus important, aucun a priori. Jane Goodall passera plus de vingt-cinq ans à observer les chimpanzés dans leur milieu naturel, faisant de son étude de terrain la plus longue jamais réalisée[20]. Elle va plus loin qu'Imanishi dans l'identification des individus puisqu'elle leur donne non pas des codes alphanumériques mais des prénoms et ce, en fonction de la personnalité et du vécu de chaque individu. En plus de ses découvertes

---

[19] Chacune des trois a pu recevoir le soutien de la *National Geographic Society* et promouvoir ses recherches dans la revue de cette dernière. Jane Goodall apparut en couverture de la revue National Geographic en 1960, Dian Fossey en 1970 et Biruté Galdikas en 1975. Cela leur permit d'avoir un impact médiatique au niveau international.

[20] Goodall, J. (1986) *The Chimpanzees of Gombe: Patterns of Behavior*, Harvard, Belknap Press, 673 p. ; Goodall, J. (2010) *Through a Window: My Thirty Years with the Chimpanzees of Gombe*. Boston, Houghton Mifflin Harcourt, 272 p.

sur la vie sociale des chimpanzés, Goodall montre qu'ils ne sont pas strictement végétariens et que les mâles déclenchent parfois des parties de chasse. Constat que l'on pourrait qualifier d'ironique quand on sait que Jane Goodall est une végétarienne convaincue depuis son plus jeune âge, mais qui rapproche le chimpanzé de son espèce sœur *Homo sapiens*[21]. Jane Goodall comblera elle aussi le fossé qui sépare l'humain du non humain avec l'observation non plus de la simple utilisation d'outils mais de la fabrication d'outils par des animaux. Un objet devient un outil quand il satisfait trois conditions : il doit d'abord être détaché de son substrat ; ensuite, il doit être tenu ou porté par son utilisateur qui est responsable de son orientation ; enfin, il doit être utilisé pour modifier l'état ou la forme d'un autre objet, d'un autre organisme ou de l'utilisateur lui-même[22]. Sont alors définies deux catégories d'outils : les outils primaires et les outils secondaires. Les outils primaires sont des objets qui sont utilisés comme outils sans qu'ils aient besoin d'être transformés ; ils sont trouvés dans la nature et sont utilisés tels quels. Les outils secondaires, au contraire, sont transformés avant d'être utilisés.

En 1964, Jane Goodall décrit pour la première fois de manière systématique l'utilisation et la fabrication d'outils par les chimpanzés qu'elle observe quotidiennement dans leur milieu naturel dans la revue scientifique *Nature*. La plupart de ces outils permettent aux chimpanzés d'extraire de la nourriture. Ainsi, un des exemples les plus connus est celui des tiges utilisées pour pêcher des termites ou des fourmis et fabriquées à partir de branches souples desquelles les chimpanzés enlèvent leurs feuilles[23]. Jane Goodall observe également de jeunes chimpanzés se servir de feuilles

---

[21] Unique représentant du genre, *Homo sapiens* partage avec ses cousins les panidés (bonobos, *Pan paniscus* et chimpanzés, *Pan troglodytes*) près de 99% de son génome. Un tel degré de similitudes permet de qualifier ces trois espèces d'espèces-sœurs et fait de l'homme, une espèce plus proche des chimpanzés et des bonobos qu'ils ne le sont des gorilles. Ce lien génétique a encouragé nombre de primatologues a étudié le comportement et notamment les capacités cognitives des chimpanzés et des bonobos, délaissant les espèces de grands singes et d'autres primates phylogénétiquement plus éloignés de l'homme.

[22] Beck, B. B. (1980) *Animal Tool Behavior: the Use and Manufacture of Tools by Animals*. New York, Garland STPM Pub, 282 p.

[23] Goodall, J. (1964) Tool-using and aimed throwing in a community of free-living chimpanzees. *Nature*, 201: 1264-1266.

d'arbres comme d'éponges pour atteindre l'eau prisonnière de cavités dans des arbres mais aussi pour se nettoyer. Il est intéressant de noter que la même année Louis Leakey, Philipp Tobias et John Napier[24] décrivent *Homo habilis*, premier fabricant d'outils des homininés et fondateur de la civilisation d'outils dite Oldowayenne[25] – également étudiée par Louis et Mary Leakey.

Les utilisations d'outils chez les animaux sont nombreuses. Parmi les plus célèbres, on peut citer les loutres de mer (*Enhydra lutris*) qui utilisent des pierres pour casser des coquillages[26] ; les dauphins (*Tursiops sp.*) qui utilisent des éponges de mer pour sonder le sable à la recherche de nourriture[27] ; les vautours percnoptères (*Neophron percnopterus*) qui se nourrissent d'œufs d'autruches en les cassant avec des pierres (comportement observé pour la première fois par Jane Goodall[28]) ; sans oublier les fameux oiseaux de Charles Darwin, les pinsons-pics (*Cactospiza pallida*) des îles Galápagos qui extraient des larves d'insectes de l'écorce des arbres grâce à des épines de cactus[29]. Mais les outils ne sont plus seulement utilisés par des mammifères et des oiseaux. Insectes[30], céphalopodes[31] et crocodiliens[32] font eux aussi l'usage

---

[24] Leakey, L. S. B., Tobias, P. V., Napier, J. R. (1964) A new species of the genus *Homo* from Olduvai Gorge. *Nature*, 202: 7-9.

[25] Leakey, L. S. B. (1951) *Olduvai Gorge: A Report on the Evolution of the Hand-axe Culture in Beds I-IV. With Chapters on the Geology and Fauna*. Cambridge, Cambridge University Press, 163 p.

[26] Riedman, M., Estes, J. A. (1990) The sea otter (*Enhydra lutris*): behavior, ecology, and natural history. *United-States Fish and Wildlife services, Biological report*, 90 (14): 1-126.

[27] Smolker, R., Richards, A., Connor, R., Mann, J., Berggren, P. (1997) Sponge carrying by dolphins (*Delphinidae, Tursiops sp.*): a foraging specialization involving tool use? *Ethology*, 103 (6): 454-465.

[28] van Lawick-Goodall, J., van Lawick-Goodall, H. (1966) Use of tools by the Egyptian vulture, Neophron percnopterus. *Nature*, 212 (5069): 1468.

[29] Eibl Eibesfeldt, I. (1961) Über den Werkzeuggebrauch des Spechtfinken Camarhynchus pallidus. *Ethology*, 18 (3): 343-346.

[30] Pierce Jr, J. D. (1986) A review of tool use in insects. *Florida Entomologist*, 69 (1): 95-104.

[31] Mather, J. A. (1994) 'Home' choice and modification by juvenile *Octopus vulgaris* (*Mollusca: Cephalopoda*): specialized intelligence and tool use? *Journal of Zoology*, *233* (3): 359-368.

[32] Dinets, V., J. C. Brueggen, J. D. Brueggen. (2015) Crocodilians use tools for hunting. *Ethology Ecology & Evolution*, 27 (1): 74-78.

d'outils. Pour l'instant, cependant, la fabrication d'outils reste limitée à quelques rares espèces non humaines comme les chimpanzés mais également les oiseaux de la famille des corvidés.

Observations naturalistes et manipulations expérimentales

La primatologie et les chercheurs qui lui sont associés ont eu un rôle primordial dans les études animales et notamment du point de vue méthodologique. L'éthologie se veut en effet être la science dite de l'observation. De par cette approche, l'éthologie mit du temps à trouver sa place parmi d'autres disciplines biologiques aux méthodologies de prise de données 'moins abstraites'. Il fallut attendre 1974 et la publication par la primatologue américaine Jeanne Altmann de son article intitulé *Observational study of behavior: sampling methods* dans la revue scientifique *Behavior*. Spécialiste des babouins, Jeanne Altmann décrit les différentes méthodes d'échantillonnage dont peut disposer un spécialiste du comportement. La première technique est dite *ad libitum*, c'est-à-dire 'à volonté'. Elle est utilisée quand les conditions de visibilité sont mauvaises ou lors d'études préliminaires ; l'observateur note tout ce qu'il peut noter. La seconde technique d'observation s'effectue par individu. Lorsque plusieurs animaux sont présents, il est impossible de tous les observer en même temps. L'éthologue porte alors son attention de manière sélective et successive sur chaque individu constituant le groupe. Les comportements du sujet sélectionné sont notés ou enregistrés pendant une période de temps déterminée à l'avance. Une fois celle-ci écoulée, l'observateur porte son attention sur un autre animal. Une troisième technique consiste à sélectionner non plus un individu mais un comportement en particulier. Il est noté ou enregistré à chaque fois qu'il apparaît. Cette technique d'observation par comportement est particulièrement indiquée si le comportement étudié n'est pas fréquemment observé. Enfin, l'échantillonnage instantané permet de mesurer la distribution géographique des individus d'un groupe, en relevant des données à intervalles réguliers.

Les méthodes d'échantillonnage de Jeanne Altmann ont dépassé les frontières de la primatologie et sont désormais d'incontournables références en sciences du comportement, faisant de son article le plus cité dans le domaine (15382 fois en janvier 2020). Mais la primatologie ne fonde pas ses découvertes sur la seule observation naturaliste. Les manipulations expérimentales réalisées le plus souvent en milieu captif les complémentent. Celles-ci permettent d'aller plus loin dans la compréhension du comportement et de mettre à jour les mécanismes décisionnels des animaux. Elles constituent un autre champ disciplinaire, celui de la psychologie comparée dont le psychologue allemand Wolfgang Köhler est l'un des pionniers. Wolfgang Köhler s'intéresse à la résolution de problèmes chez les chimpanzés. L'une de ses expériences les plus célèbres consiste à placer au-dessus et hors de portée de chimpanzés une récompense alimentaire. Ces derniers n'ont à leur disposition que des caisses en bois qu'il leur faut empiler pour atteindre la nourriture. Wolfgang Köhler décrit comment un chimpanzé prénommé Sultan s'arrête après plusieurs essais infructueux puis semble découvrir subitement une solution nouvelle. Il appellera ce phénomène l'*insight* que l'on peut traduire par 'compréhension'. Ce résultat va à l'encontre des théories des psychologues behaviouristes américains de l'époque qui tendent à réduire la résolution de problèmes par l'animal, et par là même l'ensemble de son comportement, à de simples conditionnements.

Les expériences comportementales menées en laboratoire sont bien évidemment différentes des observations menées en pleine nature. Alors que l'observateur de terrain essaie de disparaître aux yeux des animaux qu'il étudie, l'expérimentateur noue très souvent des liens privilégiés avec son sujet ; c'est notamment le cas en primatologie et ce, pour plusieurs raisons. La première est l'image qui nous est renvoyée par des animaux qui nous ressemblent d'un point de vue morphologique mais également comportemental. La seconde est le temps passé ensemble qui favorise un certain degré de connaissances, oserais-je employer le terme *complicité*, entre l'expérimentateur observateur et l'animal observé. Mais le plus souvent, expérimentateurs et primates restent séparés physiquement par des grillages, des barreaux ou des vitres de sécurité. Une méthode de travail éprouvée depuis plusieurs années au Japon commence cependant à affleurer en Occident : celle de l'observation participative. Alors qu'elle n'est qu'un bébé de quelques semaines, Aï, jeune femelle chimpanzé est rejetée par sa mère et est recueillie par le primatologue Tetsuro Matsuzawa. Ce dernier crée avec Aï une relation de confiance particulière qui lui permet de travailler avec elle sans barrière depuis plusieurs dizaines d'années maintenant. Mais que l'on ne s'y trompe pas, Aï n'est pas un chimpanzé « domestique ». Elle évolue dans un groupe de chimpanzés, a eu des petits et ne présente aucun trouble du comportement. La seule différence avec ses congénères est que sa confiance envers Tetsuro Matsuzawa, l'expérimentateur avec lequel elle travaille, est totale. L'observation participative repose ainsi sur la mise en place d'un véritable duo homme-animal qui perdure pendant plusieurs années et peut se développer via les descendants. Ainsi, il existe au Japon plusieurs duos de chimpanzé-primatologue et l'on ne travaille plus sur l'animal mais avec lui.

Éthologie et psychologie comparée[33] apparaissent ainsi comme deux pans essentiels à notre étude de l'animal, les résultats de l'une renforçant les résultats de l'autre et inversement. Initiée en primatologie, cette double approche est désormais courante chez un grand nombre d'espèces comme les canidés[34], les éléphants[35], les oiseaux et notamment les corvidés[36], les poissons[37], les céphalopodes[38], entre autres et permet ainsi d'appréhender l'évolution de leur cognition[39]. Et l'on ne s'étonnera pas

---

33 La psychologie comparée interroge la cognition de l'animal et tente de la replacer au niveau de l'évolution. La cognition est le plus souvent définie comme étant l'ensemble des processus mentaux (mémoire, connaissance, raisonnement, perception, attention, etc.) utilisés par l'animal pour répondre aux problématiques de son environnement.

34 Miklosi, A. (2014) *Dog Behaviour, Evolution, and Cognition*. Oxford, Oxford University Press, 400 p. ; Hare, B., Woods, V. (2013) *The Genius of Dogs: How Dogs Are Smarter Than You Think*. New York, Penguin Random House, 384 p.

35 Garstang, M. (2015) *Elephant Sense and Sensibility*. Academic Press, 152 p.

36 Emery, N. (2016) *Bird Brain : An Exploration Of Avian Intelligence*. Princeton, Princeton University Press, 192 p.

37 Filer, J. (2008) Fish Cognition and Behavior. Fish and Aquatic Resources Series 11. *Fish and Fisheries*, 9 (2): 214-215.

38 Godfrey-Smith, P. (2016) *Other Minds: The Octopus, The Sea, And The Deep Origins Of Consciousness*. New York, Farrar, Straus and Giroux, 272 p.

39 Vonk, J., Shackelford, T. K. (eds.) (2012) *The Oxford Handbook Of Comparative Evolutionary Psychology*. Oxford, Oxford University Press, 600 p. ; Shettleworth, S. J. (2010) *Cognition, Evolution, and Behavior*. Oxford, Oxford University Press, 720 p.

que les méthodes employées en laboratoire trouvent désormais leur place dans le milieu naturel des animaux[40], évitant de surcroît la mise en captivité des animaux. Également, les découvertes des études de terrain permettent à leur tour de pouvoir mieux considérer les besoins physiologiques, psychologiques et comportementaux de l'animal captif de laboratoire.

Quid des résultats négatifs : la nouvelle piste de réflexion des études animales

La primatologie a été un tremplin pour l'étude des autres espèces animales en cela qu'elle a questionné chez des espèces qui nous sont proches des comportements qui apparaissaient alors uniquement humains. En rapprochant le non humain de l'humain, la primatologie a ouvert le champ à d'autres espèces animales et à l'intérêt que l'on pouvait leur porter. Même si certaines questions ont trouvé leur réponse, d'autres sont encore d'actualité, c'est le cas des résultats dits négatifs. En effet, lorsqu'un animal est capable de résoudre un problème expérimental auquel il est soumis, l'expérimentateur peut en conclure que les capacités cognitives nécessaires à la résolution de ce problème sont présentes chez tous les individus de l'espèce considérée même s'il faut bien évidemment tenir compte des différences individuelles. Au contraire, lorsqu'aucun individu testé n'est capable de résoudre le problème posé, on ne peut pas conclure que les capacités cognitives nécessaires ne sont pas présentes chez cette espèce, à moins de tester tous les individus de l'espèce considérée. Or, dans les faits, seul un petit échantillon de l'espèce est soumis au problème. Alors comment interpréter des résultats négatifs ?

Une première piste est tout simplement celle d'une mauvaise construction expérimentale. Si le protocole est mal pensé, l'animal ne saurait y répondre correctement. Mais qu'en est-il quand le protocole est correct[41] et que l'animal ne parvient pourtant pas à y répondre ? Cette question est délicate et les opinions

---

[40] Bueno-Guerra, N., Amici, F. (2018) *Fields And Laboratory Methods In Animal Cognition-A Comparative Guide.* Cambridge, Cambridge University Press, 436 p.

[41] L'efficacité d'un protocole expérimental peut être difficile à déterminer, surtout quand l'espèce est éloignée du modèle humain. De mon seul point de vue, plus un protocole est simple, plus il est efficace.

sur celle-ci amènent souvent à des discussions houleuses entre scientifiques. Le primatologue Frans de Waal estime que les résultats négatifs doivent être mis de côté. Selon lui, la probabilité que ce soit l'expérience qui ne soit pas au niveau des animaux est trop importante. De mon côté, j'estime que les résultats négatifs méritent que l'on s'y intéresse. D'une part, pour potentiellement améliorer le protocole de recherche et rendre pourquoi pas les résultats plus probants. D'autre part, en plus de déterminer ce que les animaux (êtres humains compris) sont capables de faire, il m'apparaît tout aussi intéressant de déterminer ce qu'ils ne sont pas en mesure de réaliser et pourquoi.

En réalité, Frans de Waal nous interpelle ici sur un point essentiel de notre relation à l'animal : celui des différentes formes d'intelligence. Pour répondre à une problématique de son environnement, un individu se base sur les informations qu'il peut tirer de ce dernier notamment par ses sens. Or, les capacités sensorielles des animaux diffèrent énormément entre les espèces de par leur nature mais également entre les individus de par leur degré. Par exemple, nous savons que les chiens (*Canis familiaris*) vivent dans un univers d'odeurs[42], les chauves-souris (*Chiroptera*) dans un univers d'ultra-sons[43] et les éléphants d'Afrique (*Loxodonta africana*) d'infrasons[44]. Comment alors appréhender au plus juste ces animaux et leurs capacités alors que nous sommes à peine capables d'effleurer l'*Umwelt*[45] dans lequel ils évoluent. *Homo sapiens* est-il capable de comprendre et de mettre à jour toutes les capacités

---

[42] Horowitz, A. (2016) *Being a Dog: Following The Dog Into A World Of Smell*. New York, Simon and Schuster, 336 p.

[43] Griffin, D. R. (1958) *Listening In The Dark: the Accousic Orientation Of Bats and Men*. New Haven, Yale University Press, 413 p.

Thomas, J. A., Moss, C. F., Vater, M. (eds.) (2004) *Echolocation In Bats And Dolphins*. Chicago, University of Chicago Press, 604 p.

[44] Poole, J. H., Payne, K., Langbauer, W. R., Moss, C. J. (1988) The social contexts of some very low frequency calls of African elephants. *Behavioral Ecology and Sociobiology*, 22 (6): 385-392 ; McComb, K., Moss, C., Sayialel, S., Baker, L. (2000) Unusually extensive networks of vocal recognition in African elephants. *Animal behaviour*, 59 (6): 1103-1109 ; Garstang, M., Davis, R. E., Leggett, K., Frauenfeld, O. W., Greco, S., Zipser, E., Peterson, M. (2014) Response of African elephants (*Loxodonta africana*) to seasonal changes in rainfall. *PloS One*, 9 (10) : e108736.

[45] Jakob von Uexküll fonde le concept d'U*mwelt*, selon lequel chaque espèce vit dans un univers sensoriel qui lui est propre.

comportementales et cognitives des espèces animales autres qui l'entourent ?[46] Peut-être bien que non.

Conclusion

Mon intention en écrivant ce chapitre et en abordant cette thématique n'était certainement pas de faire l'apologie de la primatologie dans les études animales. Il me semblait simplement important de montrer comment ce domaine d'étude en particulier a su être déterminant d'une part dans les sciences animales en favorisant l'intérêt des éthologues et des psychologues à d'autres espèces non primates et d'autre part dans les sciences humaines en reconnectant *Homo sapiens* avec les espèces non humaines. Mais le plus difficile en tant que primatologue est de transmettre au plus juste le fruit de ses découvertes, de ne pas propulser et figer l'animal dans l'un des extrêmes philosophiques voire idéologiques de la relation que nous entretenons avec lui. Le primatologue semble ainsi se trouver sur un fil tendu d'un côté par l'anthropomorphisme qui correspond à l'attribution directe de caractéristiques humaines à des entités non humaines et de l'autre par l'anthropodéni qui rejette de principe l'existence de traits proches entre l'être humain et les animaux[47]. Trouver l'équilibre sur ce fil apparaît comme l'un des plus grands défis auquel doivent faire face les primatologues (et les éthologues) pour pouvoir définir et transmettre au plus juste la réalité des animaux.

---

[46] de Waal, F. B. M. (2016) *Are we Smart Enough to Know How Smart Animals Are?* New-York, WW Norton & Company, 320 p.

[47] de Waal, F. B. M. (1997) Are we in anthropodenial. *Discover*, 18 (7): 50-53 ; de Waal, F. B. M. (1999) Anthropomorphism and anthropodenial: consistency in our thinking about humans and other animals. *Philosophical Topics*, 27 (1): 255-280.

Chapitre III

Penser les individus
Retour sur *Biographies animales*

Éric Baratay

Dans les études animales, un nouvel échelon d'observation, celui des individus, est devenu indispensable au-dessous du niveau *animal - animalité*, qui serait au contraire à proscrire car ce pur concept ne correspond à aucune réalité, et de celui de l'espèce, longtemps privilégié par la classification puis par une éthologie postulant des comportements uniformes ou par la génétique mécaniste, mais devenu insuffisant. Le degré individuel permet de souligner l'importance des plasticités de tempérament et de comportement, des interactions avec d'autres individus de l'espèce ou de diverses espèces, des inventions animales et de leurs diffusions. Ce niveau est ainsi à la base des notions de groupe, de sociabilité, de culture, d'évolutions dans l'espace et le temps. Il s'accorde aussi davantage avec le darwinisme, qui fait reposer l'évolution sur la diversité individuelle, et avec la nouvelle épigénétique qui situe en l'individu la modulation des gènes par l'environnement.

Or, ces individus obligent à penser autrement, comme nous voudrions le montrer en revenant sur un livre, *Biographies animales*, publié en 2017[1], en profitant ainsi du recul du temps et de la réflexion. Cet ouvrage résulte de recherches portant sur le « versant animal »[2] de l'histoire, sur le « point de vue » des animaux emportés dans cette histoire. Après avoir traité des vécus de groupes (chevaux de mine, taureaux de corrida, vaches laitières, chiens de compagnie, bêtes des tranchées[3]), il s'agissait

[1] Baratay, É. (2017), *Biographies animales. Des vies retrouvées*. Paris, Seuil, 304 p.
[2] Bailly, J-C. (2007), *Le versant animal*. Paris, Bayard, 148 p.
[3] Baratay, É. (2012), *Le Point de vue animal. Une autre version de l'histoire*. Paris, Seuil, 400 p. ; Baratay, É. (2013), *Bêtes des tranchées. Des vécus oubliés*. Paris, CNRS Éditions, 256 p.

d'aborder ceux d'individus tout au long de leur vie ou lors de tranches de vie, voire en des instants particuliers, de manière à restituer des existences, reconstituer des ressentis, saisir des époques animales, penser les générations, le tout en se tenant bien du côté des animaux, en ne les traitant pas du côté et du point de vue humains comme on le fait d'habitude.

En fait, ce travail s'inscrit dans un double contexte. Sociétal d'abord, car l'arrivée aux individus a été préparée par une longue et lente maturation, depuis le XIXe siècle, empruntant des chemins de traverse éloignés des domaines officiels de la pensée occidentale, la philosophie, la théologie et les sciences de la nature, qui s'interdisaient de considérer des individus jugés tous pareils, sans guère d'intérêt, et préféraient gloser sur l'animal, l'animalité ou sur les espèces. Il s'agit de la littérature, qui a produit des biographies d'animaux réels ou fictifs, servant non pas d'instruments de connaissance, parce que trop anthropocentriques et anthropomorphiques, mais de reconnaissance. Il s'agit aussi de l'art qui a pensé, avec la première, le point de vue animal et le décentrement de ce côté[4]. L'autre contexte est scientifique : comme par hasard mais ce n'en est pas un, cette maturation sociale a permis à certains, des éthologues, des philosophes, des ethnologues, de s'intéresser, à la fin du XXe siècle et au début du XXIe siècle[5], aux individus et au point de vue, d'imposer cet horizon comme un bon niveau, voire le principal niveau d'observation.

Je laisse de côté les questions ontologiques (les animaux sont-ils des acteurs, des individus, des personnes, des sujets ?) ou épistémologiques, présentées ailleurs[6], qui sont importantes mais trop

---

[4] Baratay, É. (2018) Écrire des biographies animales : de la littérature à l'histoire. In : Copello, F., Contamina, S. (dir.) *Le Portrait animal*, Rennes, PUR, 2018, p. 163-176 ; voir aussi : La recherche du point de vue animal : l'exemple des biographies de bêtes. In : Copello, F., Contamina, S. (dir.) *L'Animal et son langage*, Rennes, PUR, à paraître.

[5] Par exemple, Cheney, D., Seyfarth, R. (1990) *How Monkey See the World: Inside the mind of another species*. Chicago, University of Chicago Press, 388 p. ; Lestel, D. (2004) *L'Animal singulier*. Paris, Seuil, 146 p. ; Goode, D. (2007) *Playing with my Dog Katie*. West Lafayette, Perdue University Press, 180 p.

[6] Baratay, É., livres cités et voir aussi : Baratay, É. (2015) Pourquoi prendre le point de vue animal ? *Religiologiques*, 32(2) : 145-165.

utilisées comme des obstacles rédhibitoires à toute entreprise ou comme des prétextes à ne pas l'engager en restant au stade de l'analyse critique ou de la déclaration d'intention ou de l'ébauche programmatique. Je m'intéresse ici à la nécessité de penser autrement, mais concrètement, sur le « terrain », en s'affrontant à l'édification de l'étude, de manière à souligner que cela oblige au décentrement des méthodes, des lectures, des écritures, ainsi qu'à l'ouverture disciplinaire pour une meilleure compréhension de situations toujours plus complexes qu'on ne croit, une ouverture qui devrait inciter à une reconfiguration des pratiques scientifiques.

Décentrements

Vouloir se tenir du côté des animaux, les observer et les étudier pour eux-mêmes oblige en premier lieu à se décaler du monde humain, à se décentrer au mieux, bien que nous restions évidemment des hommes. Cela s'effectue à plusieurs niveaux.

Les méthodes

Les animaux choisis pour ces *Biographies animales*, tous historiques, ayant vécu entre les années 1820 et 1950, n'ont guère produit de « documents animaux ». Seule la chimpanzée Meshie (1930-1934) expose encore sa dépouille au muséum de New York tandis qu'il n'est pas certain que la peau remontée et exposée au muséum de La Rochelle soit celle de la girafe (1825-1845) de Charles X. C'est le cas de l'immense majorité des animaux dont on voudrait parler, soit parce qu'il n'y a effectivement plus de traces animales, soit parce que nous commençons seulement à les imaginer, les chercher, les trouver, les exploiter. La tâche a été initiée par les archéozoologues à propos des ossements animaux. Elle devra être étendue à l'archéologie des gestes et des produits animaux et surtout à l'étude génétique des dépouilles, tapies dans les muséums et les archives ou extraites des fouilles, et qui en apprendra de plus en plus sur les comportements[7].

---

[7] Adam, F. *et al.*, (2015) Chevaux allemands de la première guerre mondiale. *Ethnozootechnie*, 98 : 21-32 ; Mercader, J. *et al.*, (2007) 4 300-year-old chimpanzee sites and the origins of percussive stone technology. *PNAS*, 104 (9) : 3043-3048 ; Orlando, L. (2019) L'ADN ancien comme nouvelle source histo-

Cependant, les animaux des *Biographies* ont suscité des témoignages indirects, humains, permettant de collecter des indices à leur propos. Il peut sembler paradoxal d'utiliser ces documents pour retrouver les faits et gestes d'animaux, d'autant que se pose la question de leur fiabilité, de leur aspect partiel, ponctuel et partial, les hommes ne s'intéressant qu'à quelques espèces, races, individus, qu'à quelques aspects pour lesquels ils sont loin d'avoir tout consigné puis gardé, ne retenant que ce qu'ils pouvaient et voulaient voir, lisant et déformant avec leurs imaginaires, leurs intérêts, leurs certitudes relatives à une espèce, d'une société, d'une époque, d'un individu. Mais ces problèmes se posent tout autant pour l'histoire humaine où les historiens doivent souvent passer par des intermédiaires : la plupart des sources sur les femmes de l'antiquité grecque ou sur les paysans du Moyen-Âge ont été élaborées par des hommes pour les unes, des notables pour les autres ; cela n'empêche pas de les utiliser pour écrire l'histoire du genre ou l'histoire rurale. Ici, la difficulté est d'intensité plus grande, puisqu'il y a différence, non de classe sociale ou de sexe, mais d'espèce ; toutefois, elle n'est pas de nature différente, et là comme ailleurs l'historien doit faire avec ce dont il dispose.

Prenons l'exemple de Modestine[8], une ânesse achetée par Stevenson, le futur auteur de *L'Île au trésor*, pour l'aider à parcourir les Cévennes en 1878 en portant un bât. Le récit de jour en jour, voire d'heure en heure, réécrit et publié ensuite (*Travels with a Donkey*, 1879), permet de suivre leur itinéraire. Parce que cet Écossais est relativement attentif à sa bête, qui conditionne le succès de l'aventure, et parce qu'il a relativement l'œil, une dimension subjective qui pèse beaucoup dans le tri et le choix par l'historien des documents donc des animaux étudiés, qui ne veut pas dire simple projection, comme on le croit trop souvent en étant engoncé dans le carcan des analyses purement culturelles, mais intérêt, attention, assez bonne lecture et assez riche traduction, il livre assez d'éléments pour qu'on puisse retourner

rique. In : Baratay, É. (dir.) *Les sources d'une histoire animale*, Paris, É ditions de la Sorbonne-Paris 1, p.199-210.

[8] Pour un autre exemple, la girafe de Charles X : Baratay, É. (2017) Une girafe à la ville (1826-1827). Écrire la rencontre de son point de vue. *Revue d'histoire du XIXe siècle*, 54(1) : 47-62.

l'attention, qu'il avait orientée sur lui comme le font tous les hommes, en direction de Modestine. Il faut ainsi user de tous les indices de *Voyages*, et du *Journal* qui a servi à l'écrire, le premier étant une version résumée, expurgée mais aussi élargie du second, des aspects de l'un ne figurant pas dans l'autre[9]. On doit aussi recourir aux guides géographiques de l'époque et aux cartes topographiques, donnant des indications sur l'environnement et le contexte, ainsi qu'aux traités de zootechnie du XIXe siècle, évoquant les utilisations ou les conditions des ânes[10].

Ces indices doivent porter sur le relief parcouru, l'état du ciel, le temps qu'il fait, la végétation traversée, les cultures et les activités humaines, les présences d'autres vivants et leurs rencontres... afin de reconstituer le milieu, donc ce que l'animal peut voir, entendre, sentir, goûter. Il faut aussi quêter les détails concernant les mouvements et les attitudes de l'animal, tels ceux notés par Stevenson le 30 septembre, Modestine l'ayant réveillé la nuit en frappant du sabot au sol, puis ne baissant pas la tête pour avaler sa ration posée à terre le matin, ne mangeant que dans la main à hauteur de museau. À condition d'être bien *retournés* pour quêter le versant animal, ces indices permettent, non pas d'inventer mais de déduire, d'inférer, selon un procédé que Carlo Ginzburg a théorisé sous le nom de paradigme indiciaire[11]. Cela suppose de dépasser, je ne dis pas abandonner, l'approche culturelle, qui a souvent tendance à cantonner dans une entreprise de déconstruction des discours pour atteindre les représentations, fréquemment considérées comme la seule réalité observable. Ce travail est nécessaire mais le triomphe des lectures culturelles a souvent transformé ce préalable indispensable en finalité indépassable. Il faut repartir à la recherche de réalités en s'aidant du

---

[9] Stevenson, R. L. (1879/1978) *Voyages avec un âne dans les Cévennes*. Paris, 10/18, traduction française de L. Bocquet ; Stevenson, R. L. (1879/2008) *Journal de route en Cévennes*. Toulouse, Privat, traduction française de J. Blondel.

[10] Exemples : Lefour, P. (1872) *Le cheval, l'âne et le mulet*. Paris, Librairie agricole de la maison rustique, 176 p. ; Joanne, A. (1881) *Géographie du département de la Lozère*. Paris, Hachette, 68 p.

[11] Ginzburg, C. (1989) *Mythes, emblèmes, traces. Morphologie et histoire*. Paris, Flammarion, 312 p. ; voir aussi Thouard, D. (dir.) (2007) *L'interprétation des indices. Enquête sur le paradigme indiciaire avec Carlo Ginzburg*. Villeneuve d'Asq, Presses Universitaires du Septentrion, 264 p.

concept de savoirs situés, qui permet de bâtir une connaissance sans être ignorant ou dupe de son contexte d'élaboration. Ce qui veut dire : tenir compte des conditions de production des discours de manière à travailler avec des indices portant des informations partielles et partiales mais localisées et critiquées puis les mettre en connexion pour les contrôler, les corriger, les compléter et ainsi atteindre une réalité.

En croisant le tout avec la zootechnie et l'éthologie actuelles, bien que cette dernière soit encore peu fournie pour les ânes, on peut déduire les perceptions de Modestine et faire ainsi une écologie du sensible. Ces perceptions sont aussi déclencheurs pour elle, portes d'entrée pour nous, de son ressenti, de son expérience d'un instant, d'une heure, d'un jour. Ainsi, les indications contrôlées du 30 septembre autorisent à penser qu'elle subit un fort stress face à des conditions inhabituelles, qu'elle se montre d'abord irritée, impatiente, à coups de sabot, de l'immobilité forcée, faute de place sur l'aire de stationnement, et de l'impossibilité de mieux se restaurer, faute d'herbe autour, puis abattue, prostrée, fatiguée au matin. Il est donc possible de reconstituer les moments d'une vie, même dans leurs aspects les plus ordinaires, comme ces jours monotones dans l'effort répété pour Modestine ou dans une cage du zoo de Manchester pour le chimpanzé Consul (1893-1894). Des documents visuels, photographies ou films, permettent d'aller plus loin. Par exemple, de distinguer et d'analyser des expressions, des gestes, des réactions face à des situations fréquentes ou inhabituelles de la part de la chimpanzée Meshie chez la famille Raven à New York (1930-1934).

Les analyses

Passer du côté des animaux, c'est devoir changer d'aune de mesure. Il faut abandonner celle de l'humanité comme référence absolue, faisant jauger et juger les capacités des autres vivants en maniant un fort anthropocentrisme ; un abandon indispensable et tenable bien que la tentation d'orgueil nous guette sans cesse. Il faut aussi réduire le poids de notre entité humaine dans nos observations et nos raisonnements, ce qui est plus difficile car nous ne sommes que des hommes, pas des esprits éthérés, absolus, et que l'anthropomorphisme nous est naturel. Enfin, il faut tendre au mieux vers l'aune de l'espèce en question

Cela suppose de changer aussi notre vision du monde des vivants. En Occident, nous considérons comme naturelle, évidente, une conception pyramidale des espèces animales, les étageant par couche : vers, mollusques, zoophytes et autres petits grouillants à la base puis insectes, poissons, reptiles, oiseaux, mammifères pour arriver à l'Homme tout au sommet, en qui se réaliseraient pleinement et se transformeraient totalement, en une perfection absolue, toutes les possibilités inexistantes ou à peine ébauchées ou bien rudimentaires plus bas. Cette conception est ancienne. Elle a été théorisée par des philosophes de l'antiquité grecque, à une époque où les cités, que nous magnifions comme le berceau de la démocratie, étaient en réalité très inégalitaires et très ethnocentriques, la hiérarchie Homme – animaux ayant été pensée comme celles entre Hommes et femmes, Citoyens et étrangers, Libres et esclaves, Grecs et barbares[12]. Cette représentation a été reprise par des Pères de l'Église gagnés au néoplatonisme et elle a imbibé une version du christianisme, très majoritaire jusqu'à nos jours[13], et par elle la philosophie puis la science occidentale.

Mais elle n'est pas commune à l'humanité[14] et surtout elle est maintenant abandonnée par cette même science au profit d'un autre schéma plus pertinent au regard des savoirs actuels, celui du buisson ou de l'arbre phylogénétique des vivants[15], où les espèces sont réparties sur des branches se développant en tous sens à partir du dernier ancêtre commun universel, où chaque espèce, disparue ou actuelle, a eu son trajet évolutif depuis cet ancêtre, où chaque trajet n'est pas moins original et riche que les millions d'autres, où l'homme n'est plus l'aboutissement du vivant mais un aboutissement parmi d'autres, avec un propre évidemment original mais comme celui du lion, du cheval, du chien... Cela doit conduire à abandonner le vieux réflexe occiden-

---

[12] Robineau, J-M. (2015) *Les cités grecques (VIe-IIe siècles av. J.-C.). Essai d'histoire sociale*. Paris, PUF, 477 p.

[13] Baratay, É. (2015) *Des bêtes et des dieux. Les animaux dans les religions*. Paris, Cerf, 170 p.

[14] Descola, P. (2005) *Par-delà nature et culture*. Paris, Gallimard, 640 p.

[15] Voir celui commenté par l'ENS Lyon sur le site http://planet-terre.ens-lyon.fr/image-de-la-semaine/Img492-2015-04-06.xml (consulté le 10/04/2018)

tal de dévalorisation des autres animaux, qui nous a empêchés jusqu'à nos jours de les observer équitablement, ce qui fait qu'on sait encore peu de choses sur beaucoup d'entre eux, ainsi que le vieux réflexe de glorification de l'homme, sans intérêt scientifique mais à forte charge idéologique alliant vanité anthropocentrique et intérêts bien pesés. Au lieu de cela, on peut et on doit s'intéresser à la richesse et à l'originalité de chaque espèce et de chaque individu, et s'efforcer de ne plus les penser qu'à leur mesure.

Encore faut-il réviser les concepts de nombreuses facultés : souffrance, émotions, intelligence, langage, culture... Imbibés du schéma pyramidal, les Occidentaux les ont définis à l'aune de l'humanité transcendante qui les aurait accomplies dans leur plénitude. L'effet inévitable (mais recherché) a été de les dénier ou de les réduire pour les animaux, tous inférieurs : douleur et pas souffrance, instinct ou essais/erreurs et pas intelligence, communication et pas langage...[16]. Le schéma buissonnant fait réaliser la puérilité de cela, le résultat inéluctable (mais voulu) de la dévalorisation, qui n'apprend rien scientifiquement, et donc la nécessité de débarrasser ces concepts de leur définition humaine, de les monter en abstraction, en généralité, au niveau de groupes plus ou moins larges d'espèces placées sur des branches plus ou moins proches, tout en les spécifiant ensuite pour pouvoir souligner, par exemple, l'originalité et la richesse de l'intelligence et du langage du cheval, ou ceux du chien, ou ceux de l'homme. Nous l'avons fait pour les capacités corporelles, car nous sommes persuadés depuis Aristote et surtout Descartes que la distinction humaine ne réside pas là, et nous avons même généralisé jusqu'aux plantes. Il ne choque plus personne de dire que celles-ci respirent parce que nous avons haussé le concept de respiration au niveau chimique. Nous avons beaucoup de mal à faire ainsi pour les facultés cognitives car elles servent à nous prévaloir. Les vifs débats qui ont agité les éthologues sur les notions d'émotion, de langage, de culture, etc., ont leur origine en cette vision pyra-

---

[16] Voir l'exemple de J-C. Filloux, auteur de *La Psychologie des animaux* (1960), Paris, PUF, Collection « Que sais-je ? » ; philosophe de formation, il définit les facultés à l'aune de l'humanité et donc, logiquement... les dénie ou les réduit pour les autres animaux ! Fallait-il un « Que-sais-je » pour arriver à cela ?

midale sous-jacente, qui imbibe même les plus novateurs. Ainsi, dans une synthèse récente et mondiale sur la cognition des chimpanzés[17], les éthologues occidentaux ne peuvent se défaire de la question de la différence avec l'homme, en fait pour montrer ce que les chimpanzés n'auraient pas..., alors qu'elle ne vient pas à l'esprit de leurs collègues japonais, membre d'une autre culture que l'occidentale et porteuse d'une autre vision du monde, seulement concentrés sur la spécificité de ces singes. Et cette vision pyramidale est encore plus prégnante chez des linguistes ou des philosophes qui ne font pas l'effort d'actualiser leurs connaissances et persistent à manier des cadres vains, comme l'Homme et les animaux ou le propre de l'Homme face à l'animalité, et s'étonnent encore, en criant à l'anthropomorphisme, qu'on parle d'émotions à propos d'une girafe ou d'un âne alors que l'éthologie récente a montré leur réalité spécifique !

Justement, revenons à nos cas individuels. La nécessité de changer l'aune de mesure se traduit concrètement par l'obligation de *retourner* les documents humains, c'est-à-dire *retourner* les lectures et les traductions (: les dires) de leurs auteurs pour penser les indices et les faits du côté de l'animal en question. Voici le cas de cette anecdote apparemment sans intérêt à propos de Modestine lorsque Stevenson la jauge avant de l'acheter au Monastier-sur-Gazeille, point de départ du périple pédestre :

> « Notre première rencontre eut lieu sur la place du marché. Pour mettre son bon caractère à l'épreuve, on mettait les enfants sur son dos, l'un après l'autre et, l'un après l'autre, ils s'en allaient valser dans l'air la tête en bas. Ceci jusqu'à ce qu'un manque de confiance commençât à s'établir dans les jeunes poitrines et, faute de candidats l'expérience fut terminée[18]. »

Derrière l'anodin réside un indice fondamental pour saisir ce que l'animal a dû ressentir les premiers jours de marche. Habituée à tirer la carriole d'un colporteur local, à être bête de trait,

---

[17] Lonsdorf, E. *et al.* (ed.) (2010) *The Mind of the Chimpanzee. Ecological and Experimental Perspectives.* Chicago, University of Chicago Press, 464 p.
[18] Stevenson, R. L. (1879/2008) *Journal de route en Cévennes.* Toulouse, Privat, traduction française de J. Blondel, p. 82.

Modestine n'a pas l'habitude de poids sur le dos et ne les supporte pas, n'étant pas bête de bât ; une réaction présente, par exemple, dans les armées de la Grande Guerre où des chevaux de selle se retrouvent dans des attelages et d'autres, de trait, avec un cavalier sur le dos, ce qui suscite chez eux incompréhension, résistance, mal-être, bien décrits par des vétérinaires présents[19]. Or, Modestine se voit affublée d'un sac très lourd, trop en hauteur, donc tanguant et aggravant la difficulté, mais assez arrimé pour qu'elle ne puisse s'en délester ; elle a certainement éprouvé un fort stress renforcé par la vitesse, la distance, la déclivité imposées par Stevenson, inhabituelles pour elle, et se traduisant par une forte fatigue que l'écrivain devine ou voit de temps à autre, même s'il ne veut pas en tenir compte au début, ou qu'il ignore parce que l'expression de cet état n'est pas de son monde.

Car, il faut s'efforcer de traquer et de montrer d'autres perceptions, d'autres ressentis, d'autres vécus, d'autres types de réaction appartenant à d'autres mondes. Comme beaucoup d'herbivores désireux de ne pas alerter les prédateurs en quête d'affaiblis, à l'instar du taureau Islero lors de sa corrida (1947), où la peur puis la souffrance l'incitent à rester immobile au centre de l'arène, au plus loin des hommes qui rôdent autour, ou de la girafe de Charles X lors de ses entrées dans les villes du couloir rhodanien, où la foule hurlante la fait se raidir, voire s'immobiliser, Modestine traduit son stress, sa fatigue, sa douleur par un repli sur elle, une prostration, à l'image de celle du 30 septembre. Cette attitude est commune aux ânes. À l'époque, elle fait croire à beaucoup qu'ils ne ressentent guère la douleur, qu'il faut donc être très vif pour les contraindre, ce qui incite Stevenson à exiger, à bien frapper sans trop se soucier, et ce qui conduit Modestine à ne résister qu'une seule fois, à bout de force sur un versant trop rude où elle braie enfin, s'arrête, essaie de retourner mais en vain sous les coups, s'enfonçant alors dans la prostration résignée, ne donnant plus à Stevenson qu'un signe pouvant inquiéter l'écrivain : l'écoulement de sang sur la croupe et les pattes.

Décentrer les analyses exige aussi de penser autrement. S'intéresser aux individus animaux emportés dans l'histoire hu-

---

[19] Baratay, É. (2013) *Bêtes des tranchées. Des vécus oubliés*. Paris, CNRS Éditions, 256 p.

maine, c'est s'intéresser à leur déploiement dans le temps et donc arriver à la question d'une histoire propre à ces individus, d'une histoire *animale*[20] qu'il faut dès lors interroger avec les grilles d'analyse des historiens pour déceler une chronologie animale, une périodisation animale, donc des époques animales, des générations animales, en recherchant les variations de situations, de conditions, de comportements. Toutes choses qui ne venaient à l'idée de personne, tous persuadés que les individus d'une espèce, voire les espèces entre elles, étaient semblables dans le temps et l'espace, que l'histoire n'était qu'humaine.

De même, l'attention aux individus oblige à s'interroger sur leurs relations avec d'autres individus : des congénères, des humains (une perspective récemment engagée[21]) mais aussi, ce n'est pas encore bien pensé, des êtres de diverses espèces de manière à construire une histoire multispécifique, ainsi qu'une sociologie multispécifique en s'intéressant ainsi aux sociabilités. L'exemple de la girafe de Charles X montre qu'on n'épuise pas le sujet en se focalisant sur ses interactions avec les Européens lors de son voyage entre Marseille et Paris, qui fonctionne comme une véritable rencontre entre deux mondes. Se pencher sur la question de ses relations avec les animaux qu'elle rencontre, des chevaux, des ânes, des bœufs, et surtout avec ceux qui l'accompagnent permet de saisir plus de dimensions, notamment à propos de ses vaches qui la nourrissent de leur lait, qui la tolèrent bien et qui lui servent de bouclier émotionnel lui permettant de surmonter le stress du voyage, sans doute parce qu'elle éprouve une forte affinité avec ces ruminants placides comme elle, appartenant comme elle à la grande famille des bovidés[22], à l'instar des antilopes côtoyées en savane. Ce n'est pas un hasard si elle panique et détale le seul jour où l'on décide de remplacer

---

[20] Baratay, É. (2016) Histoire animale. In : Choné, A. *et al.* (dir.) *Guide des humanités environnementales*, Presses Universitaires du Septentrion, p. 311-324.

[21] Sanders, C. (1999) *Understanding Dogs. Living and Working with Canine Companions*. Philadelphia, Temple University Press, 195 p. ; Goode, D. (2007) ; Vicart, M. (2014) *Des chiens auprès des hommes. Quand l'anthropologue observe aussi l'animal*. Paris, Petra, 354 p.

[22] Hartenberger, J-L. (2010) *Grandeurs et décadences de la girafe*. Paris, Belin, p. 75.

ces vaches par un cordon de gendarmes à cheval pour défiler place Bellecour à Lyon au milieu d'une foule bruyante et agitée. Enfin, les individus obligent à s'intéresser à leurs différences d'un lieu à l'autre, d'un groupe à l'autre, à une époque donnée ou lors d'une période donnée, à penser ainsi une géographie et une ethnologie animales tout aussi multispécifiques.

L'écriture

Penser les individus exige un troisième décentrement, un troisième niveau de travail à propos de la présentation des résultats. Comment écrire pour bien restituer le passage du côté des animaux, pour bien reconstituer une individualité, pour bien faire saisir et ressentir aux lecteurs une expérience, un ressenti, un vécu bien différents du leur ? La question n'est pas oiseuse et n'est pas non-scientifique, contrairement à ce que d'aucuns croient depuis le grand partage instauré entre les sciences et les arts, sur lequel d'autres conviennent qu'il faudrait revenir, non pas pour faire et dire n'importe quoi mais pour mieux faire et mieux dire. D'autant que tout discours scientifique est aussi une littérature, une mise en scène, comme l'a montré Paul Ricoeur[23], même en éthologie, par exemple dans les grands livres d'un Darwin, d'une Jane Goodall, d'une Dian Fossey[24], et bien sûr en histoire où la question est maintenant posée[25] avec une franchise nécessaire, à la fois salutaire, pour ne pas être dupe de l'écriture en ne voulant pas la voir, et fructueuse, pour s'en servir comme d'un instrument scientifique supplémentaire. D'autant qu'on bénéficie non seulement des recherches de quelques écrivains qui ont voulu tendre vers le point de vue animal, telle Virginia Woolf dans *Flush* (1932), mais aussi et surtout des récentes et nombreuses analyses littéraires qui appartiennent bel et bien au do-

[23] Ricoeur, P. (1983-1985) *Temps et récit*. Paris, Seuil, 1983-1985, 320 p.

[24] Darwin, C. (1890) *L'Expression des émotions chez l'homme et les animaux*. Paris, Reinwald, 404 p. ; Goodall, J. (1991) *Les Chimpanzés et moi*. Paris, Stock, 315 p. ; Fossey, D. (1991) *Gorilles dans la brume*. Paris, Presses Pocket.

[25] Jablonka, I. (2014) *L'Histoire est une littérature contemporaine*. Paris, Seuil, 352 p.

maine scientifique[26]. Et il faudrait allier cela aux récentes études de zoosémioticiens qui commencent à appeler à la création d'un langage humain adapté[27].

Il ne s'agit évidemment pas de faire parler les bêtes à la manière d'une comtesse de Ségur dans *Les mémoires d'un âne* (1860) et de bien d'autres écrivains jusqu'à nos jours, en tombant ainsi dans un anthropomorphisme puéril, vain, sans intérêt car il nie l'originalité d'une espèce et d'un individu, rapporte tout à l'homme du fait d'un anthropocentrisme conjoint. Il ne s'agit pas, non plus, de trouver un quelconque langage animal, une chimère impossible pour des hommes qui ne sont que des humains, membres d'une espèce animale parmi les autres, donc enfermés dans leur cadre biologique, et pas des esprits absolus. Il s'agit d'un procédé (au sens noble du terme) d'écriture pour inviter, inciter, aider l'auteur et le lecteur à se décentrer, se projeter du côté de l'individu animal, pour attirer leur attention sur des faits négligés par les humains, pour permettre de mieux percevoir, saisir, ressentir des perceptions, des ressentis, des vécus bien différents. Ce n'est évidemment qu'un artifice humain, pas la transcription impossible d'une nature, mais il doit s'appuyer sur les caractéristiques spécifiques et individuelles de l'être en question, les mettre en valeur, et il peut aider à faire mieux éprouver, comprendre. L'écriture doit être envisagée comme un outil supplémentaire à la disposition de l'histoire et d'autres disciplines. Non pas pour inventer, car, encore une fois, tout doit être basé sur des documents contrôlés, tout doit être déduit à partir d'indices avec lesquels il est possible d'inférer, tout doit être croisé à des savoirs actuels, comme nous le verrons plus loin, de manière à mettre en scène des informations fiables. L'écriture peut, et devrait, aider l'historien à faire son métier, c'est-à-dire non seulement à retrouver mais aussi à évoquer des situations passées, oubliées, éloignées de nous, ici des vies non humaines.

---

[26] Voir par exemple : Desblache, L. (ed.) *Écrire l'animal aujourd'hui*. Clermont-Ferrand, Presses Universitaires Blaise Pascal, 292 p. ; DeMello, M. (ed.) *Speaking for Animals. Animal Autobiographical Writing*. New York, Routledge, 288 p.

[27] Voir la contribution d'Astrid Guillaume à ce colloque et la réflexion d'Élisabeth de Fontenay et Marie-Claire Pasquier (2008) *Traduire le parler des bêtes*. Paris, L'Herne, 78 p.

Cependant, nos langues n'ont pas été forgées pour cela. Si on les utilise de la manière conventionnelle, habituelle (normale penseront beaucoup), elles nous ramènent aussitôt au côté humain, au point de vue humain, établissent automatiquement l'homme en acteur et le reste en objet. Il faut donc adopter des formulations, inventer des expressions qui ramènent les animaux au premier plan mais qui peuvent apparaître bizarres de prime abord, parce que nous n'en avons pas l'habitude ou parce que le langage s'avère peu préparé à cela. Pour passer du côté des autres vivants, c'est aussi une manière d'écrire qu'il faut construire, développer, qu'il faudra améliorer peu à peu et à laquelle on s'habituera. Ainsi, la fréquence, dans les *Biographies,* des il ou elle « se voit » ou « se sent » tiré(e), frappé(e), emporté(e)..., au lieu de il ou elle « est » tiré(e), frappé(e), emporté(e)..., forme à laquelle nous sommes accoutumés mais qui met l'homme en action et l'animal en retrait, sert à mieux passer du côté de l'individu animal concerné car c'est l'expérience des sentirs (au sens large, y compris de voir) qui lui donne sa subjectivité et le promeut sujet.

Les *Biographies* ont donc été l'occasion d'une expérimentation de l'écriture, qui vaut ce qu'elle vaut, qui reste évidemment dans les limites du monde humain, mais qui avait pour but de perturber le lecteur et de l'aider à se rendre compte d'un autre monde. Voici deux exemples de ces essais. L'un, d'une écriture classique, concerne Modestine longeant le chemin de fer de la vallée de l'Allier alors que passent des trains, choses qu'elle n'avait jamais rencontrées et pour lesquelles elle n'avait forgé aucune représentation lui permettant le souvenir, l'habitude, l'absence de stress. Le texte décrit la rencontre par les perceptions sensorielles (et pas seulement par la vue trop privilégiée par les hommes) mais ne s'engage pas sur le stress, Stevenson ne notant aucune réaction physique, soit qu'il ne l'ait pas vue, soit qu'il l'ait oubliée lors de la rédaction du soir, soit, plus probablement, que Modestine n'en ait pas eu, intégrant ce stress dans la prostration. La reconstitution tient aussi compte des indications données par Stevenson et les guides régionaux à propos du sens du vent, de l'état du ciel, de l'absence d'humains et d'oiseaux, de la nature des terroirs. Enfin, le texte fait en sorte, en ne nommant pas le phénomène, que le lecteur s'interroge lui aussi sur sa nature, de manière à l'approcher de la situation de l'animal :

> « Régulièrement, elle entend des raffuts inconnus, inquiétants, de respirations, grincements, sifflements, longtemps par-derrière ou au dernier moment par-devant, et voit débouler sur un côté des masses noires, vibrantes, sans qu'elle puisse bien sentir leurs odeurs vite emportées, comme celles des terres et des landes autour, où elle ne décèle guère d'êtres, ni dans le ciel encore sombre et mouvant[28]. »

L'autre exemple, d'une écriture plus atypique, concerne le taureau Islero lors de sa corrida face à Manolete en 1947. Intégré, comme le récit concernant Modestine, dans la partie « Ressentir des expériences », ayant pour but de tendre, d'une manière asymptotique, vers le point de vue psychologique des animaux, ce texte adopte une forme incitant les lecteurs à se mettre à la place de l'animal, pour faire éprouver quelque peu ses ressentis mais aussi pour montrer les différences de perception entre les taureaux et les humains, qui conduisent à des interactions faites d'incompréhensions et d'ajustements réciproques, tout en insistant sur l'individualité et la singularité de ce taureau, expliquant en grande partie le déroulement et l'issue de sa corrida. Son expérience est reconstituée en croisant les témoignages sur cette corrida, les savoirs sur les corridas, les connaissances en physiologie et en éthologie bovines, et elle est présentée au moyen de phrases brèves suggérant la précipitation obligée des perceptions, des émotions, des représentations face au danger, mais sans postuler ou affirmer un mental rudimentaire. Des explications scientifiques, en italiques et petit corps, sont insérées entre crochets. Les réactions de Manolete, de son équipe, du public sont présentées en petit corps et en retrait car souvent en décalage avec celles d'Islero.

> « [*Les témoignages sur l'attitude d'Islero débutent avec son entrée dans l'arène :*] soudain, lumière… course pour sortir, voir [*50% des informations sensorielles*], repérer…

[28] Baratay, É. (2017) p. 95.

arrivée brusque dedans, lente accommodation des yeux… vue d'un flanc l'autre [*panoramique*]… devant, obstacles étagés [*vision binoculaire, profonde, en relief*] : hommes séparés, légers mouvements ; parois immobiles ; plus loin humains assemblés, agités… sur les côtés : formes coagulées, immobiles ou mouvantes [*vision monoculaire, aplatie*]… Course(*s ?*) en rond pour enregistrer… posture d'alerte, tête en avant, haute… regarder : présences-obstacles tout autour… entendre, oreilles dressées, mobiles : clameurs partout, inhabituelles, aiguës, stressantes… sentir, museau à l'horizontale : effluves inconnus au loin, d'urine de congénères plus près [*dégageant des phéromones de stress*]… vif sentiment de péril, d'alerte au prédateur, de panique d'herbivore… fuir !… obstacles tout autour ; repli dans une zone sans présence [*centre du terrain*], moins dangereuse… arrêt… forte émotion, agitation cardiaque, transpiration… incessants mouvements pour surveiller, rotations pour observer derrière.

Pendant ce temps, le public accueille bruyamment le nouveau taureau, commente à voix haute ses impressions tandis que l'équipe, immobile, l'examine, l'évalue, pense sans doute qu'il faudra mieux l'amener à l'estocade que le premier tué par Manolete qui a dû s'y prendre à deux fois.

[*L'arrêt d'Islero indique sa compréhension d'une inégalité de force, d'une impossibilité de fuir, mais aussi un sentiment personnel de ne pouvoir repousser cet environnement hostile, alors que d'autres congénères peuvent se montrer plus réactifs selon leur tempérament. Comme beaucoup d'animaux partageant ce ressenti, cela le rend apathique.*][29] »

Insistons encore sur le point qu'il ne s'agit pas de faire parler l'animal, ni de transcrire un psychisme mais, après avoir traqué, déduit, vérifié les faits, de traduire et de transposer dans le monde humain, avec des mots humains, ce qu'Islero a dû vivre, éprouver de manière à faire ressentir aux lecteurs la spécificité et

[29] *Ibid.*, p. 109.

l'originalité d'un vécu. S'il ne s'agit pas, ou le moins possible, d'un anthropomorphisme de *projection*, puisque le contenu est contrôlé, cela reste évidemment un anthropomorphisme de *traduction*, car toute écriture humaine en relève y compris celle des éthologues se réfugiant dans les mathématiques, création humaine par excellence, avec l'illusion de manier un langage absolu, guidé par la seule raison selon la prétention cartésienne. Mais c'est une traduction qui décentre et qui peut être utile si elle sait traduire des caractères de l'espèce et de l'individu, à la manière des célèbres dessins du biologiste von Uexküll représentant une rue de village vue par une mouche ou un mollusque[30] : ce n'est pas la réalité de l'animal mais cela tend vers, décentre vers et fait saisir, réaliser un autre monde.

Les recherches d'écriture ont aussi pour but de réintégrer l'émotion bannie par le langage scientifique au profit de la distance et de la raison, mais pourtant bien présente chez tel ou tel acteur et qu'il ne faudrait donc pas exclure, qu'il faudrait même faire passer chez le lecteur pour faire saisir toutes les dimensions. Voici deux extraits à propos de Consul au zoo de Manchester (1893-1894). Le premier, d'un style classique, tient à distance de l'animal qui visite une ferme :

> « Entré dans la ferme du déjeuner, il examina tout, pénétra partout, grimpa à l'étage avant que ses hommes ne pussent réagir, sauta sur les lits. Mais il se tint calme au repas, comme à l'accoutumée. »

Le second, concernant pourtant des aspects semblables, tout aussi traqués, déduits, contrôlés, gomme cette distance et fait plus ressentir l'émotion d'un voyage en train en fractionnant l'expression, qui ne veut pas dire faire parler :

> « Consul vécut son premier voyage entre fortes émotions, calme vite retrouvé, adaptation rapide. – Voiture fermée. Entrer. Crissements et ballottement. Émoi. Se rapprocher des hommes impassibles. Compréhension de leur état. Apaisement par mimétisme émotionnel. Tapage extérieur. Regarder par la fenêtre. Gens, chevaux, voitures. Arrêt.

[30] von Uexküll, J. (2010) *Milieu animal et milieu humain.* Paris, Rivages, p. 63.

Descente. Agitations, hurlements stridents, souffles répétés, exhalaisons noires. Nouvelle inquiétude. Nouvelle boîte. Nouvelle entrée.[31] »

Ouvertures et reconfigurations

Je l'ai évoqué en passant, le décentrement exige de décentrer l'histoire, en en faisant une science des vivants (pas seulement de l'homme) dans le temps, et de l'ouvrir à des sciences qui travaillent depuis longtemps sur les animaux (éthologie, psychologie cognitive, physiologie, neurologie, génétique...) ou sur l'environnement (écologie...).

Croiser les disciplines

Il faut donc revenir sur la grande fracture installée peu à peu aux XIXe-XXe siècles entre les sciences dites de la nature et celles dites humaines, malgré les difficultés de dialogue générées par la différence des approches et des méthodes. L'éthologie, par exemple, en étant surtout science de laboratoire et d'expériences paraît bien éloignée d'une histoire en quête de traces et d'indices. Pourtant, l'échange est possible s'il n'y a pas mépris et rejet de l'autre, et il y a même rapprochement des situations, avec l'éthologie de terrain, et des méthodes, avec celle des anecdotes proposées par certains[32]. Par ses descriptions des comportements, des sociabilités, des processus cognitifs, et par les concepts qu'elle développe (interactions, adaptations, inventions, cultures), l'éthologie permet à l'historien de lire les sources avec des yeux prévenus, plus attentifs, et de voir des indices qui passeraient inaperçus. D'autant qu'elle aussi insiste maintenant sur la nécessité de penser les animaux aux niveaux spécifique, social *et* individuel. Ainsi, l'éthologie des chiens, devenue pionnière, les promeut en unités d'observation pour étudier les types de personnalités, ces produits des interactions entre génétique et environnement, dont la réalité est prouvée par les différences de mesures biochimiques en situation de stress. L'individu est un bon moyen de déterminer ce qui appartient, dans un comportement, au biolo-

[31] Baratay, É. (2017) p. 142-143.

[32] Bates, L., Byrne, R. (2007) Creative or created: Using anecdotes to investigate animal cognition. *Methods*, 42 : 12-21.

gique de l'espèce, au social dans un contexte environnemental et à la dimension personnelle[33]. Cette notion de personnalité est devenue un concept opératoire qu'il est important d'adapter en histoire lorsqu'on s'intéresse à des individus.

Cependant, il ne s'agit pas de valider les indices documentaires par les savoirs éthologiques actuels, car la tentation peut être grande pour ceux-ci de rejeter ou de déformer ceux-là en fonction des partis pris d'une époque ou d'une école. Il s'agit de croiser des regards et des savoirs situés : ceux des auteurs des documents, qui peuvent aussi bien n'avoir pas regardé des aspects qu'avoir vu ce qu'on ne peut plus ou ne veut pas voir de nos jours ; ceux des éthologues actuels, qui peuvent savoir plus et mieux qu'autrefois mais aussi négliger tel ou tel aspect, et donc avoir une connaissance elle aussi limitée, elle aussi biaisée par des considérations philosophiques, théologiques, sociologiques et politiques... à l'instar des historiens d'ailleurs. Une autre raison de ne pas plaquer l'éthologie sur l'histoire est que l'on fabriquerait ainsi un portrait intemporel des animaux à partir de leurs représentants actuels, que l'on nierait leur historicité alors que cette dimension doit être au cœur de l'histoire *animale* à construire. D'autant que des éthologues ont récemment pris conscience de cela et qu'ils appellent à une histoire sociale et culturelle des animaux[34]. Histoire et éthologie doivent se nourrir, s'influencer, se transformer réciproquement afin de déployer la part animale en histoire, d'adopter la dimension historique en éthologie. Le caractère expérimental de l'entreprise dans laquelle se situent les *Biographies* tient donc non seulement au fait de croiser deux disciplines longtemps étrangères l'une à l'autre mais aussi de les faire se transformer au fur et à mesure de ce croisement à développer, en une sorte de *work in progress*.

Ouverture et croisement permettent de lever une partie du voile sur des animaux peu regardés jusqu'à présent, évidemment en une faible proportion de la réalité animale puisqu'on doit pas-

---

[33] Miklósi, Á. *et al.* (2014) The personnality of dogs. In : Kaminski, J. *et al.* (ed.) *The Social Dog*, London, Academic Press, p. 191-222.

[34] Whiten, A. (2010) A coming age for cultural panthropology, et McGrew, W., New theaters of conflict in the animals culture wars. In : Lonsdorf, E. *et al.* (eds.) *The Mind of the Chimpanzee*, Chicago, Chicago University Press, p. 96-98, et p. 173-175.

ser par des documents humains. Encore qu'il ne faut pas trop rabaisser ces derniers : nombre d'études éthologiques de terrain recourent maintenant aux témoignages des hommes, en particulier des propriétaires d'animaux puisqu'on s'est aperçu que les situations de laboratoire présentent vite des limites pour comprendre celles de la vie quotidienne et que ces propriétaires regardent et comprennent assez bien leurs animaux[35]. Dans le cadre des *Biographies*, ouverture et croisement ont permis de mieux comprendre des actions, des réactions, des situations des individus en question. Par exemple, l'alimentation de la girafe de Charles X qui, depuis sa capture, boit essentiellement du lait, de chamelle puis de vache moins riches en matières grasses et protéines que celui des girafes mais appartenant au groupe des ruminants donc bien assimilables. En général, elle ne veut pas de lait froid, l'exige tiède, juste issue des mamelles, reste en quelque sorte attachée à la tétée, à l'instar de beaucoup de girafons actuels en zoo, nourris au biberon, qui ne s'en détachent que tardivement. Elle ingurgite ce lait en grandes quantités (vingt à vingt-cinq litres par jour), sans tarder, d'un coup, surtout à l'aube, un peu le soir, à l'instar de ce que font en liberté les petits qui tètent et les adultes qui s'abreuvent, tandis qu'elle rejette obstinément l'eau, se maintenant dans une situation d'avant sevrage complet, sans doute par compensation d'avoir vécu trop tôt la séparation maternelle.

L'ouverture à d'autres sciences facilite aussi l'analyse des interactions entre les hommes et les individus, notamment les ajustements ou les incompatibilités, les compréhensions ou les incompréhensions. Voici encore Modestine lorsque Stevenson, calviniste convaincu, perçoit :

> « (…) le tintement d'une cloche et, en entendant ce bruit, je ne saurais dire pourquoi mon cœur défaillit. Rarement me suis-je approché d'un lieu avec une frayeur plus intense que du monastère Notre-Dame des Neiges ; voilà ce que c'est d'avoir reçu une éducation protestante ! »

---

[35] Turner, D., Bateson, P. (eds.) (2014) *The Domestic Cat, the Biology of its Behaviour*. Cambridge, Cambridge University Press, par exemple p. 73-77.

Et ce n'est pas sans satisfaction qu'il note un comportement semblable de l'ânesse :

> « Je pris mon courage à deux mains et j'avançai jusqu'à la porte aussi vite que le permit Modestine qui semblait n'être pas attirée par les monastères. C'était, depuis que je la connaissais, la première porte qu'elle ne voulait pas franchir avec un empressement indélicat[36]. »

S'il semble penser qu'elle est anticatholique et anticléricale comme lui, Stevenson se trompe ! Un croisement des documents et des sciences la fait mieux comprendre. Les jours précédents, l'ânesse s'arrêtait devant chaque ferme ou chaque auberge et s'efforçait d'entrer, certainement parce qu'elle entendait les bruits et sentait les odeurs d'écurie de loin, ainsi que l'éthologie asine le suggère, donc qu'elle croyait la marche terminée et voulait s'arrêter. Cela conduit au premier indice : les gravures et les plans de l'époque montrent que les écuries du monastère ne sont pas à l'entrée, que celle-ci à la forme d'un profond porche au centre d'un grand bâtiment rectiligne, barrant la perception de la grande cour située derrière et entourée d'édifices ; l'ânesse n'a sans doute pas perçu les odeurs d'écuries trop éloignées, d'autant qu'elle ne doit pas non plus associer ce moment du jour (vers 11h30) avec l'habituel du repos. Second indice : Stevenson note qu'il fait très beau, sans brume ni nuage, ce qui veut dire que le soleil donne à plein sur le bâtiment d'entrée que les gravures montrent orienté au sud et de couleur claire ; le contraste entre cette façade brillante et le porche bien sombre, du fait de sa longueur, a dû dissuader Modestine de se diriger vers lui, comme tous les équins le font dans ces conditions pour des raisons d'optique, leur vue s'accommodant lentement à l'obscurité, les incitant à éviter ce qui semble un obstacle, une attitude tout à fait raisonnable de leur point de vue.

Davantage comprendre le versant animal permet ainsi de montrer des animaux acteurs à part entière et de plus éclairer les relations avec les hommes, ce qui permet, en effet retour, de mieux saisir ces derniers. Revenons encore à Stevenson : le 24 septembre, l'écrivain note que Modestine avance « obstinément

[36] Stevenson, R. L. (1879/2008) p. 112, 114.

d'elle-même », donc qu'elle n'a même plus besoin de la douleur des coups pour progresser. Sans doute parce qu'elle a reçu des « rideaux d'averse drue », donc senti l'eau s'immiscer entre ses poils, recouvrir sa peau plus sensible à cela qu'à la chaleur et la sécheresse, l'humidité pénétrer ses chairs ou grimper par ses sabots, une situation que les ânes détestent. Et son mal-être a dû s'accroître quand elle a gravi les pentes et lorsqu'elle a senti le vent du nord refroidir son corps mouillé. Elle devait être en état de prostration, tête, oreilles et queue pendantes, et elle devait concentrer son regard sur la bande caillouteuse du sentier, qui devait lui servir de repère pour aller seule. C'est pourquoi elle se montre « absolument incapable de suivre une direction sur plus de trois pas » quand elle voit ce ruban disparaître dans les prairies ou les sous-bois, ce que Stevenson ne saisit pas, prend pour de la bêtise (« la bête perdait la tête »). Elle ressent alors de multiples chocs douloureux à la croupe, s'oblige à avancer mais change sans cesse de direction, d'autant que son homme, placé derrière pour frapper, constate et corrige les erreurs avec retard. Elle oscille ainsi longtemps dans un bois puis dans un marécage. Et l'on voit bien qu'elle accélère « de son propre chef » dès qu'elle retrouve « une route bien délimitée », et non pas son intelligence comme le croit Stevenson qui suggère qu'elle aurait senti « un malheur » la faisant détaler[37] ! Là et en d'autres scènes, on saisit ce que Stevenson ne perçoit pas des fatigues de Modestine, ou perçoit mais ne comprend pas, ou perçoit et comprend mais ne veut pas prendre en compte, ou encore réalise, ce qui lui fait changer ses manières. Ce côté humain davantage éclairé permet de mieux réfléchir sur l'expression de ce que voient et lisent les hommes : sur ce qu'ils disent et comment ils le disent, qui n'est pas projection mais traduction plus ou moins fidèle dans le monde humain. Et tout cela comble les lacunes des recherches qui restent dès le départ sur le versant humain ou ne s'aventurent qu'entre les versants, sans vouloir passer du côté des animaux.

Réagencer les disciplines

S'intéresser aux individus ne doit pas conduire à se pencher uniquement sur des êtres en un lieu et un moment donnés, même

---

[37] *Ibid.*, p. 98-99.

si leur expérience personnelle mérite toute l'attention. Il faut aussi penser ces individus dans le temps et l'espace, car l'échelle individuelle incite, oblige à tester leur singularité ou leur représentativité, donc à comparer ici et ailleurs, maintenant et autrefois. Or, cette comparaison souligne encore plus cette variabilité individuelle qui a été longtemps niée, et celle-ci doit pousser à repenser les disciplines, les croiser et les reconfigurer.

Ainsi, la comparaison spatiale fait interroger les sociabilités de l'individu dans son groupe spécifique ou hors de ce groupe, avec des individus ou des groupes multispécifiques proches, et les différences avec des individus ou des groupes éloignés, évoluant en des environnements (au sens large : physique, humain, social, culturel) différents. Ce qui veut dire faire de la sociologie, de l'ethnologie, de la géographie *animales*. La comparaison temporelle conduit à investiguer sur les différences de comportement individuel d'une époque l'autre, sur la variation, l'adaptation de ces comportements dans un environnement lui aussi changeant, donc à s'intéresser aux périodes *animales*, aux générations biologiques ou sociologiques *animales*, aux évolutions douces ou aux ruptures, et à contribuer à l'histoire *animale*. Il s'agit ainsi d'appliquer aux animaux les thématiques issues des sciences humaines, qui ont pensé la variabilité depuis longtemps.

Toutefois, il faudrait aller plus loin. Face à des animaux individualisés, personnalisés, acteurs, sujets, dans des groupes aux sociabilités importantes, et dans un contexte de forte variabilité de ces individus et de ces groupes, les interprétations strictement biologiques ne semblent plus suffire pour comprendre les comportements, de l'avis même de certains éthologues. Il faudrait aussi emprunter les concepts et les méthodes des sciences humaines, qui ont l'habitude de manier les idées de groupe, de famille, de sociabilité, d'action, d'individu, de personne, de sujet..., qui ont développé des analyses pour cela. L'entreprise est tentée depuis une vingtaine d'années par des éthologues qui ont fabriqué une sociologie et une ethnologie, notamment pour les singes, les chiens, les chats[38], mais en étant maintenant critiqués par des

---

[38] Claidière, N., Whiten, A. (2012) Integrating the study of conformity and culture in humans and nonhuman animals. *Psychological Bulletin*, 138 (1) : 126-145.

sociologues ou des éthologues qui arrivent enfin au sujet et qui dénoncent un bricolage[39]. L'affaire a aussi été entreprise par de rares chercheurs en sciences humaines[40] mais souvent en refusant tout lien avec une éthologie accusée de réductionnisme biologique, au risque de garder des œillères disciplinaires ou de tomber dans des biais anthropomorphiques[41].

Il est nécessaire de garder les deux faces, biologique et culturelle, des individus animaux, car la rupture confortablement entérinée dans l'espace scientifique n'existe pas dans la réalité, et même de lier ces deux côtés. D'autant que la récente épigénétique montre que l'environnement, au sens large de tout ce qui entoure et structure, physiquement et culturellement, module l'expression des gènes et que cette modulation peut être transmise d'une génération l'autre, sur des temps courts, différents de ceux de l'évolution modifiant le capital génétique[42]. En prouvant qu'il y a interaction incessante et dynamique, à double sens, entre le biologique, l'écologique, le social, le culturel, cette épigénétique impose une rencontre et un dialogue entre les sciences. Concrètement, le chercheur penché sur des individus aurait donc besoin d'un croisement interdisciplinaire des sciences de la nature et des sciences humaines et sociales, afin d'élaborer des approches, des méthodologies, des analyses transdisciplinaires, qui déboucheraient sur une science *animale* entrelaçant, voire unifiant les apports des sciences zoologiques, qu'il faudrait renommer sciences du biologique, et des sciences humaines et sociales, qui deviendraient les sciences du culturel, en dépassant le seul cas animal pour les premières, humain pour les secondes. Mais cette coopération, qui devrait déboucher sur une refondation disciplinaire, en est encore à ses prémices sous la forme de

---

[39] Leblan, V. (2017) *Aux frontières du singe. Relations entre hommes et chimpanzés au Kakandé, Guinée (XIXe-XXe siècles)*. Paris, EHESS, 287 p.

[40] Outre Clinton Sanders, David Goode, Marion Vicart, cités plus haut, voir également Alger, J., Alger, S. (2003) *Cat Culture. The Social World of a Cat Shelter*. Philadelphia, Temple University Press, 256 p.

[41] Une bonne mesure de l'écueil par Kara White (2013) And say the cat responded? Getting closer to the feline gaze. *Society & Animals*, 21 : 93-104.

[42] Voir la présentation vulgarisée d'Andràs Pàldi (2018) *L'épigénétique ou la nouvelle ère de l'hérédité*. Paris, Le Pommier, 192 p.

quelques essais d'observations et d'analyses croisées de la part d'éthologues, de sociologues, d'ethnologues, de psychologues[43].

L'histoire peut et doit être l'un des creusets de cette reconfiguration, car cette discipline, comme la géographie, s'est voulue ouverte aux autres sciences humaines dès le début du XXe siècle et elle a pris l'habitude de se croiser avec l'économie, la démographie, la sociologie, l'ethnologie, la linguistique, la littérature... alors que l'entreprise est plus difficile pour l'ethnologie et surtout la sociologie qui s'est constituée en s'autonomisant, en construisant un pré carré derrière des murs épistémologiques et méthodologiques (le social s'expliquant par le social), et qui a du mal à intégrer d'autres dimensions explicatives comme la psychologie, l'éthologie, la physiologie, l'épigénétique[44]. S'ouvrant maintenant aux animaux (en attendant les plantes), l'histoire doit bâtir une épigénétique, une éthologie, une écologie, une démographie[45], une sociologie, une ethnologie *historiques et animales*. En simplifiant, en rassemblant ces disciplines, il s'agirait de lier éthologie, ethnologie et histoire, de bâtir une etho-ethno-histoire que je synthétiserais en *eth(n)ologie historique des animaux* avec laquelle il est possible de prendre en main des individus et de réfléchir avec eux à une histoire des cultures d'une espèce[46].

---

[43] Voir Kohler, F. (ed.) (2012) Sociabilités animales, *Études rurales*, 189 : 11-31 ; Claidière, N., Guillo, D. (2016) Comment articuler les sciences de la vie et les sciences sociales à propos des relations humains / animaux ? Un modèle interactionniste et évolutionniste. *L'Année Sociologique*, 2 : 385-420.

[44] Des exceptions comme : Conein, B. (1992) Éthologie et sociologie, contribution de l'éthologie à la théorie de l'interaction sociale. *Revue Française de Sociologie*, 33-1 : 87-104 ; Guillo, D. (2015) Quelle place faut-il faire aux animaux en sciences sociales ? *Revue Française de Sociologie*, 1 : 135-163.

[45] Voir la journée d'études organisée par Fabrice Guizard : *Zoodémographie historique. Pour une histoire du peuplement animal*, Paris-Nanterre, 15 mars 2018.

[46] Baratay, É. (en préparation) *Les chats ont leurs cultures. Une eth(n)ologie historique des animaux*. Paris, Seuil.

Au service de la science : biographies de Rose, Farce et Tarzan, chimpanzés de l'Institut Pasteur de Kindia (Guinée française) à l'époque coloniale

Marion Thomas

Introduction

Dans la lignée de travaux récents prenant pour objet les biographies animales[1], cet article explore les trajectoires de vie de trois chimpanzés capturés dans les forêts africaines : Rose, Farce et Tarzan. Arrachés à leur brousse natale, ces trois primates furent placés en captivité à l'Institut Pasteur de Kindia, plus communément appelé « Pastoria », en Guinée française. Créé en 1922 à l'initiative du bactériologiste Albert Calmette (1863-1933), sous-directeur de l'Institut Pasteur de Paris et déjà fondateur du premier Institut Pasteur d'Outre-Mer à Saïgon (1891), cet institut Pasteur africain était appelé à devenir une station d'élevage d'anthropoïdes et surtout à conduire des expériences biomédicales à partir du modèle du singe, ceci dans un contexte post-darwinien. S'inspirant de travaux fondateurs d'histoire culturelle et sociale des animaux qui rendent compte de la manière dont les représentations des animaux offrent un moyen de repen-

[1] Montgomery, G. (2009) 'Infinite Loneliness': the Life and Times of Miss Congo. *Endeavour*, 33 (3): 101-105 ; Munz, T. (2011) 'My Goose Child Martina': The Multiple Uses of Geese in the Writings of Konrad Lorenz. *Historical Studies in the Natural Sciences*, 41 (4): 405-446 ; Herzfeld, C. (2012) *Wattana. Un ourang-outan à Paris*, Paris, Payot, 285 p. ; Burkhardt, R. (2018) An Orangutan in Paris: pondering Proximity at the Muséum d'Histoire Naturelle in 1836. *History and Philosophy of the Life Sciences*, vol. 40, n°20, [en ligne] (consulté le 06/08/2018). Disponible sur le site https://link.springer.com/article/10.1007/s40656-018-0186-1. Baratay, É. (2017) *Biographies animales. Des vies retrouvées*, Paris, Le Seuil, p. 21-22 et Baratay, É. (2012) *Le point de vue animal. Une autre version de l'histoire*. Paris, Le Seuil, ainsi que sa contribution au présent volume.

ser les cultures dans lesquels ils évoluent[2], on cherche à décrire comment, mise au service de la science pastorienne sous les tropiques, l'existence de ces trois chimpanzés témoigne de liens étroits entre science et colonisation. Autrement dit, pour paraphraser Donna Haraway, on vise à montrer comment « les primates non-humains occupèrent une place fondamentale dans le dispositif de la médecine coloniale. »[3]

Si ces biographies mettent en évidence combien le savoir impérialiste imposa sa domination sur les savoirs des populations locales, elles révèlent aussi que, sur le terrain, ces connaissances étaient indispensables aux scientifiques, notamment lors de la traque et de la capture des primates, ou lorsqu'il s'agissait de maintenir en vie les singes en captivité et lors de leur transfert vers la métropole. Nous mettrons donc en lumière le rôle joué par un acteur pendant longtemps déprécié, voire même totalement ignoré, dans la littérature scientifique : l'« indigène ».

Enfin, nous montrerons comment ces singes furent les instruments de la science biomédicale et/ou psychologique et combien leur rôle en tant qu'animal modèle dans le développement des sciences du vivant (ici la bactériologie et la primatologie) fut crucial. Cependant, et comme Tania Munz l'a démontré dans son analyse des usages multiples de Martina, l'oie favorite du zoologiste Konrad Lorenz : « (...) dans les cas où les animaux ne sont pas simplement des *outils pour la science*, mais aussi des *objets d'études comportementales*, quelque chose de plus fort que leur agentivité matérielle en tant qu'organisme scientifique est de-

---

[2] Ritvo, H. (1987) *The Animal Estate. The English and other Creatures in the Victorian Age*. Cambridge, Massachusetts, Harvard University Press, 368 p. ; Kete, K. (1994) *The Beast in the Boudoir. Petkeeping in Nineteenth-Century Paris*. Berkeley and Los Angeles, University of California Press, 200 p.

[3] Haraway, D. (1989) *Primate visions. Race, and Nature in the Modern Science*, New York and London, Routledge, p. 19 (traduction personnelle). S'appuyant sur le travail de Haraway, Vincent Leblan pose la thèse d'un « assujettissement » des singes dans les processus coloniaux qu'il montre en particulier à travers les captures de singes. Voir Leblan V. (2018) *Une frontière coloniale homme / animal : captures des chimpanzés et fabrique des identités raciales à l'Institut Pasteur de Kindia, Guinée française, 1920-1930.* In Leblan, V. et Juhé-Beaulaton D. (dir.) Le spécimen et le collecteur. Savoirs naturalistes, pouvoirs et altérités (XVIIIe-XXe siècle), Paris, Publications scientifiques du Muséum, p. 385-427.

mandé. »[4] À l'instar de Martina, les singes de Pastoria, en particulier Tarzan, nous invitent à étudier dans quelle mesure ils se distinguent d'animaux standardisés de laboratoire, tel que le singe-rhésus l'illustre dans la seconde moitié du XXe siècle ; comment, en quelque sorte, certains animaux se révèlent être de véritables individualités aux yeux des chercheurs, au point qu'on leur attribue un nom. Par ailleurs, et comme Munz l'a mis en lumière dans le cas du tandem Martina-Lorenz, on cherchera à souligner comment les scientifiques utilisèrent ces « personnalités animales » dans le développement et la présentation de leurs travaux, tout en y gagnant, éventuellement, une valorisation de leur image scientifique.

Last but not least, ces trois biographies ont été construites à partir de sources publiées (publications scientifiques, récits de voyageurs) et non publiées (correspondances, rapports scientifiques de Pastoria, registres de singes, carnets de laboratoire), ainsi que de sources iconographiques (plusieurs photographies et un film). Fondamentalement et comme l'affirme Éric Baratay, pour écrire une histoire animale il y a obligation de faire « avec ce que l'on a, c'est-à-dire des témoignages humains, puisque les animaux ne 'parlent' pas comme nous et n'écrivent pas. »[5] L'histoire des animaux ne peut alors que reposer sur une histoire par traces[6]. C'est ce à quoi nous nous sommes livrés ici, complétant nos sources archivistiques et publiées par quelques interviews, et l'examen de traces matérielles sur le site actuel de Pastoria : le laboratoire, la singerie, le terre-plein aménagé en vue de la reproduction en semi-liberté des chimpanzés et la tombe de Tarzan.

Rose (1919-1927) animal emblématique du succès de la science pastorienne sous les tropiques

Que sait-on sur Rose ? Son nom apparaît dans les rapports

[4] Munz, T. (2011) My Goose Child Martina, p. 411 (en italique dans le texte et traduction personnelle).

[5] Baratay, É. (2012) *Le point de vue animal. Une autre version de l'histoire*, *op. cit.*, p. 52.

[6] Ce point est signalé aussi par Benson, É. (2011) Animal writes. Historiography, disciplinarity, and the animal trace. In : Kalof, L. and Montgomery, G. M. (eds.), *Making Animal Meaning*, Michigan State University Press, East Lansing, MI, p. 3-16, ici, p. 9.

techniques de la station, les matricules de singes et les carnets de laboratoire relatifs aux vaccinations contre la tuberculose, mais aussi dans une publication scientifique. Une fiche issue des registres de singes indique que Rose est une femelle chimpanzé (*Anthropopithecus niger*) capturée à Mamou, une ville située sur l'axe ferroviaire Conakry-Kankan à environ 150 kilomètres de Kindia, puis transférée à Pastoria le 26 mars 1924. En recoupant l'âge indiqué sur la fiche (8 ans) et sa date d'arrivée à Pastoria, on peut estimer son année de naissance à 1919. Sa date de décès, quant à elle, figure sur deux documents mais avec une année de décalage. Cependant un rapport mensuel de la station nous permet de trancher sur celle du 24 septembre 1927[7]. Si un nom est attribué à ce chimpanzé femelle, on lui a aussi donné un matricule, le numéro 107, correspondant à son rang d'entrée à Pastoria.

Rose, qui a été vaccinée trois fois contre la tuberculose, mourra d'un ictère poly-hémorragique, mais pas de tuberculose. C'est une mention cruciale quand on sait que la mission principale confiée par Calmette au docteur vétérinaire Robert Wilbert (1877-1945), premier directeur de Pastoria, était celle de valider, avant de passer à l'homme, le BCG (vaccin Bacille Calmette Guérin), vaccin contre la tuberculose élaboré par Calmette et Camille Guérin au milieu des années 1910. Après des essais sur le modèle du cobaye, puis du bovin, Calmette avait jugé indispensable de tester le BCG sur le modèle animal le plus proche de l'homme, à savoir les « singes anthropoïdes ».[8] Rose fait donc partie de la cohorte de chimpanzés, mais aussi des babouins et des singes verts qui, dans les derniers mois de l'année 1923, furent mis au service de la science pastorienne et, plus précisément, concrétisèrent le projet de Calmette de démontrer de manière définitive l'innocuité et l'efficacité de la prémunition contre la tuberculose par le BCG.

---

[7] Animaux d'expérience 1 (Singes), Fiche « Rose », Archives de Pastoria-IRBAG, Kindia, Guinée.

[8] Bonah, C. (2007) *Histoire de l'expérimentation humaine en France. Discours et pratiques 1900-1940*. Paris, Les Belles Lettres, p. 224-225.

Capture de Rose :
tensions entre savoirs coloniaux et savoirs indigènes

Compte tenu de sa date d'admission à Pastoria et du lieu de son achat, il est probable que Rose a été acquise par l'entremise d'un certain Victor Godeffrois, dont le passage en Guinée française est documenté dans les archives nationales de Guinée, ainsi que dans les rapports d'activité de la station[9]. Dans un article récent, Vincent Leblan a étudié en détail la trajectoire de ce chasseur français en Afrique de l'Ouest et la manière dont il participa, via les captures de singes, à l'« assujettissement » des colonisés[10]. En août 1923, Godeffrois, « précédemment en service au Soudan Français, est nommé adjoint de seconde classe des Services Civils de l'AOF [Afrique Occidentale Française] » puis « est placé, pour une période de six mois dans la position de mission, en vue de la capture d'anthropoïdes nécessaires à l'Institut Pasteur et à divers établissements de biologie parisienne. »[11] Par « établissement de biologie parisienne », il faut notamment entendre celui du chirurgien Serge Voronoff (1866-1951) qui cherche à se procurer des singes mâles en vue de greffer leurs testicules sur des hommes âgés dans le cadre de ses expériences de rajeunissement[12].

Arrivant de Bamako avec son épouse enceinte de plusieurs mois, Godeffrois prend ses fonctions à Mamou début octobre

---

[9] Je remercie Vincent Leblan de m'avoir indiqué l'existence de documents relatifs à Victor Godeffrois accessibles aux Archives nationales de Guinée. De même, je suis très reconnaissante à Vincent Leblan de m'avoir fait connaître l'existence d'archives conservées à la bibliothèque de l'IRBAG, anciennement Pastoria. Sans cette information capitale, ma recherche sur les singes de l'ancien Institut Pasteur de Kindia n'aurait pu se faire.

[10] Leblan, V. (2018) *Une frontière coloniale homme / animal*, p.412-421 et Leblan, V. (2017) *Aux frontières du singe. Relations entre hommes et chimpanzés au Kakandé, Guinée (XIXe-XXIe siècle)*. Paris, Éditions de l'École des Hautes Études en Sciences Sociales, p. 116.

[11] Décision du Gouverneur Général de l'Afrique Occidentale Française, signée par Carde, Dakar, le 29 août 1923 ; Archives nationales de Guinée, Conakry, 1D34 : Voyages, Missions, Tournées, 1891-1938, Dossier N° 13, Mission Voronof [sic] (Godeffrois), 1924, 33 pièces, ici pièce 1.

[12] Voir Voronoff, S. (1923) *Greffes testiculaires.* Paris, Doin ; Voronoff, S. (1924) *Quarante-trois greffes du singe à l'homme,* Paris, Doin ; Voronoff, S. (1926) *Étude sur la vieillesse et le rajeunissement par la greffe,* Paris, Arodan Colombes.

1923[13]. Si le Commandant de cercle de Mamou, obéissant à une circulaire du Gouvernement colonial, a bien mis à la disposition de Godeffrois matériel, filets, armes, films afin de permettre les captures de singes en brousse, fin janvier 1924, la situation, selon Godeffrois, est devenue « presque intenable ». À côté des « réflexions comminatoires » qui lui sont faites par ce même Commandant, c'est son activité en tant que chasseur qui est mise en péril. En effet, le Commandant de cercle qui « jouit toujours d'une grosse autorité sur les indigènes » est sur le point de supprimer les gardes qui accompagnent Godeffrois dans la brousse[14]. Sans les dénommés Morlaye Yattara et Yamoussa Kamara ainsi que l'aide-palefrenier Karamoko Diallo, l'expédition de Godeffrois est sérieusement compromise. C'est en effet avec la collaboration de ces Guinéens que le chasseur, fort de l'autorité de la colonie, réquisitionne des hommes pour « ramasser des chimpanzés » et organiser les battues à partir d'un village local[15]. Il semble que Rose ait été capturée de cette manière. Par ailleurs, elle a sans doute été acquise au tarif de vingt francs, un montant que Godeffrois dit avoir versé au chef de village pour les chimpanzés femelles. Elle aurait ensuite été transportée à la singerie de Mamou dans un panier en liane confectionné sur place[16].

La dernière lettre de Godeffrois figurant dans les archives date du 10 juin 1924 et signale un envoi maritime de singes mâles pour le professeur Voronoff[17]. En novembre de la même année,

---

[13] Lettre de Victor Godeffrois au Gouverneur de la Guinée française à Conakry, 17 octobre 1923 ; Archives nationales de Guinée, Conakry, 1D34 : Voyages, Missions, Tournées, 1891-1938, Dossier N° 13, Mission Voronof (Godeffrois), 1924, 33 pièces, ici pièce 7.

[14] Lettre de Victor Godeffrois au Gouverneur de la Guinée française à Conakry, 26 janvier 1924 ; Archives nationales de Guinée, Conakry, 1D34 : Voyages, Missions, Tournées, 1891-1938, Dossier N°13, Mission Voronof (Godeffrois), 1924, 33 pièces, ici pièce 15.

[15] Lettre de l'Administrateur du Cercle de Mamou à Monsieur le Gouverneur de la Guinée française à Conakry, 30 janvier 1925 ; Archives nationales de Guinée, Conakry, 1D34 : Voyages, Missions, Tournées, 1891-1938, Dossier N°13, Mission Voronof (Godeffrois), 1924, 33 pièces, ici pièce 27.

[16] *Ibid.*

[17] Lettre de Victor Godeffrois au Lieutenant-Gouverneur de la Guinée française à Conakry, 10 juin 1924 ; Archives nationales de Guinée, Conakry, 1D34 : Voyages, Missions, Tournées, 1891-1938, Dossier N°13, Mission

Godeffrois est attendu en Guinée pour la reprise des captures, la saison des pluies peu propice à cette activité venant de s'achever[18]. Godeffrois ne reviendra pas[19]. Aux yeux de Wilbert, le départ, plutôt la volatilisation, de celui qu'il qualifie de « chasseur intrépide et passionné » n'est pas sans conséquence pour l'activité de Pastoria. Grâce à Godeffrois, Pastoria était « largement approvisionné[e] de chimpanzés et de singes inférieurs, en très bon état et sans blessures. »[20] Après le mois de juillet 1924, l'approvisionnement en primates ralentit sensiblement et Wilbert se plaint de l'état misérable dans lequel les animaux lui sont livrés. Lors du premier mois de captivité, on constate des pertes énormes, de l'ordre de 50 %, dues à « des complications de traumatismes graves reçus à la capture », des « bronchopneumonies contractées au cours de leur transport », « des affections dysentériques très vraisemblablement contractées dans les singeries d'étape ou dans les cages de voyage »[21]. Wilbert pointe un doigt accusateur vers les indigènes, qui, à ses yeux, brutalisent les animaux, ceci entraînant leur mort rapide[22]. Au passage, il contraste leurs pratiques avec celles de Godeffrois et cette description asymétrique lui permet d'appuyer sa demande d'une nouvelle organisation des chasses auprès des autorités coloniales : « des chasseurs indigènes spécialisés [entendre : formés par les colons] remplaceront l'antique 'massacre' par la capture au moyen de filets. »[23]

Voronof (Godeffrois), 1924, Expéditions chimpanzés en France, 14 pièces, ici pièce 8.

[18] Lettre de Georges Poiret à Monsieur le Directeur de Pastoria, 30 novembre 1924. Archives nationales de Guinée, Conakry, 1D34 : Voyages, Missions, Tournées, 1891-1938, Dossier N°13, Mission Voronof (Godeffrois), 1924, Expéditions chimpanzés en France, 14 pièces, ici pièce 14.

[19] Pour des informations sur le devenir de Victor Godeffrois après 1924 et les raisons de son départ précipité de la Guinée française, voir Leblan, V. (2018) *Une frontière coloniale homme / animal*, p.413.

[20] Wilbert, R. (1926) Rapport sur le fonctionnement du Centre de Recherches biologiques sur les singes anthropoïdes de l'Institut Pasteur de Kindia en Guinée française (Institut Pasteur de Kindia), p. 11. Archives Institut Pasteur de Paris, Fonds Institut Pasteur d'Outremer, IPO.RA.23.

[21] *Ibid.*, p. 16.

[22] *Ibid.*, p. 11.

[23] *Ibid.*, p. 12.

Le terme de « massacre », mentionné à plusieurs reprises dans des écrits administratifs, est repris dans la littérature destinée au grand public[24]. Il fait référence aux pertes en animaux imputées largement aux chasseurs africains par les colons. En revanche, les difficultés et dangers propres à la capture d'animaux vivants et le fait que les hommes puissent être grièvement blessés lors des battues sont rarement mentionnés. Il s'ensuit non seulement des pertes importantes chez les animaux, mais aussi chez les hommes qui peuvent être grièvement blessés. En 1925, Jean Louis Georges Poiret, Gouverneur titulaire de la Guinée française, écrit à Wilbert qu'il « est évident (...) que les indigènes quelconques réquisitionnés pour attraper des singes préfèrent les assommer à coups de trique que de se faire dévorer ou mutiler par ces sales bêtes. » Et d'ajouter qu'il est « nécessaire de munir ces chasseurs de chiens dressés et de matériel spécial aux frais du budget local »[25]. De même, un certain H. Martin-Chartrie, Commandant du cercle de Forécariah, déplore auprès de Wilbert que la « capture [de huit chimpanzés] a été difficile aux Soussous [ethnie majoritaire de la Basse Guinée], peu chasseurs et a coûté en plus de quelques blessures, la mort d'un homme tué par la chute d'un arbre ». Ce commandant finit sa lettre par les mots suivants : « Aussi vous serais-je reconnaissant de me donner, afin de ne pas décourager mes administrés, le maximum de vos possibilités, pour leur rémunération. »[26] Quelques années plus tard, il semblerait que la capture de singes soit devenue lucrative, ou tout au moins qu'elle aide « certains habitants à se procurer l'argent nécessaire au paiement de l'impôt »[27]. En 1930, le Commandant de cercle de Dabola mentionne que « tous les jeunes se livrent à la capture des singes depuis que les prix sont rémunérateurs », au

---

[24] Perrigault, J. (1931) *Bêtes et gens de brousse*. Paris, Éditions de la Nouvelle revue Critique, p. 162.

[25] Lettre de Georges Poiret à Robert Wilbert, Paris, 17/6/1925, Archives Pastoria-IRBAG, Kindia.

[26] Lettre de H. Martin-Chartrie au directeur de Pastoria, Forécariah, 5 novembre 1925, Archives Pastoria-IRBAG, Kindia, Guinée.

[27] Lettre du Commandant de cercle de Dabola au Directeur de l'Institut Pasteur de Kindia, 20 décembre 1930, Archives Pastoria-IRBAG, Kindia, Guinée.

risque d'être « cruellement mordus »[28]. Cependant, entre l'usage des lignes, lassos ou filets, dite « manière blanche » et la « manière noire » qui consiste à attendre que les bêtes se fatiguent[29], les désaccords sont vifs. Pour preuve de la difficulté d'hybrider pratiques coloniales et pratiques locales, l'administration coloniale chercha vainement à recycler l'équipement laissé sur place par Godeffrois en vue de la poursuite des battues. Les Guinéens refusèrent d'utiliser les filets et, finalement, le Commandant du cercle de Mamou céda sur le fait de faire capturer les singes sans avoir recours à cette technique[30].

Après son transit à Mamou, Rose est transportée par train jusqu'à Kindia. Elle aura donc échappé aux lésions traumatiques de la capture. De même elle aura franchi le premier mois de captivité sans développer de maladies mortelles qu'elles soient d'origine pulmonaire ou intestinale. Son bon état de santé va en faire un sujet de prédilection pour la recherche bactériologique menée à Pastoria.

Rose au service de la lutte contre la tuberculose

Rose est vaccinée par ingestion buccale (et non sous-cutanée), puis exposée à une cohabitation avec des chimpanzés artificiellement *infectés* et donc contagieux, de même qu'avec des sujets dits « *neufs* » (non infectés) servant de témoins. Cette cohabitation « étroite et *continue* » permet de réaliser ce que Wilbert appelle « une prémunition contre l'infection en quelque

---

[28] Lettre du Commandant de cercle de Dabola à Monsieur le Directeur de l'Institut Pasteur de Kindia, 24 janvier 1930, Archives Pastoria-IRBAG, Kindia, Guinée.

[29] Perrigault, J. (1931) *Bêtes et gens de brousse*, *op. cit.*, p. 72-3. Voir aussi : « Il y a beaucoup de méthodes. Nos parents, nos pères, par exemple, voulaient des chimpanzés. Bon. Ils savent que chaque jour les chimpanzés viennent cueillir ici des mangues, ou bien des papayes. Moi j'en ai vu, ils mettent le tabac, le tabac feuille que l'on fait en poudre. On le met dans la papaye. On fait comme un appât. Ils mangent cela et ils deviennent saouls. Voilà. Quand il est comme cela, il ne fera rien parce qu'ils ne se contrôlent plus. Son esprit a tourné. Mais, on ne leur tire pas dessus. On ne tue pas avec le fusil » : extrait de l'interview de Sekou Sidibé, IRBAG-Pastoria, 20 mars 2018.

[30] Lettre de l'Administrateur du Cercle de Mamou à Monsieur le Gouverneur de la Guinée française à Conakry, 30 janvier 1925 ; Archives nationales de Guinée, Conakry, 1D34 : Voyages, Missions, Tournées, 1891-1938, Dossier N°13, Mission Voronof (Godeffrois), 1924, 33 pièces, ici pièce 27.

sorte 'familiale' »[31]. Ces vaccinations sont orchestrées depuis Paris d'où Calmette envoie des instructions à Wilbert, qui, émissaire dévoué et consciencieux sous les tropiques, lui rend régulièrement compte de l'avancée des recherches, que ce soit sous forme de rapports mensuels ou de courriers. Par ailleurs, cette insistance sur une « cohabitation familiale » montre le souci de Wilbert d'adapter le modèle du singe à celui de l'homme. Dans un courrier de décembre 1923, Calmette lui a en effet précisé :

> « Les singes vaccinés le seraient tout de suite au moment de leur introduction dans le milieu contaminé. On réaliserait ainsi aussi correctement que possible *ce qui se passe dans la vie courante parmi les êtres humains et ce qui se passerait si on vaccinait certains d'entre eux*[32]. »

Pour Calmette aussi, cette cohabitation en cage, où il souhaite que les singes bénéficient d'une « liberté relative », garantit une « contamination naturelle au lieu de l'infection artificielle qui présente une gravité anormale par sa masse. »[33]

Sept jours après qu'on lui a fait ingérer 0,25 gramme de BCG (sous la forme de 5 doses de 5 centigrammes), entre le 26 juin et le 4 juillet 1924, Rose est mise dans une grande cage où elle cohabite avec Butor et Gertrude, deux autres chimpanzés vaccinés, ainsi que des chimpanzés infectés : Émilie, Ida, Hector, Babiole et Loulou, et d'autres jouant le rôle de témoins : Tonio, Jacques, Ginette, Koro, Thécla, Catherine et Junon[34]. Rose sera à nouveau vaccinée selon le même procédé, entre le 3 et le 11 décembre 1924[35]. Avec Gertrude et Butor, elle fait partie des trois heureux singes vaccinés qui sortiront sains et saufs de plusieurs mois de cohabitation avec des congénères infectés et témoins, qui

---

[31] Wilbert, J. [sic] (1925) Expériences de vaccination des singes contre la tuberculose par le BCG. *Annales de l'Institut Pasteur*, 39(8), p. 641-651, ici p. 643-644 (italiques dans le texte).

[32] Lettre d'Albert Calmette à Robert Wilbert, 12 décembre 1923 ; Archives Pastoria-IRBAG, Kindia, Guinée (mes italiques).

[33] *Ibid.*

[34] Wilbert, R. (1925) Expériences de vaccination des singes contre la tuberculose par le BCG, p. 644.

[35] Animaux d'expérience 1 (Singes), Fiche « Rose », Archives de Pastoria-IRBAG, Kindia, Guinée.

trépasseront tous de tuberculose[36]. Rose subira une troisième vaccination entre le 29 novembre et le 7 décembre 1926[37].

Rose devient alors l'animal emblématique de la vaccination contre la tuberculose. Les rapports mensuels des années 1924 à 1927 envoyés par Wilbert ou par Maurice Delorme (1890-1943), vétérinaire directeur-adjoint à Pastoria, signalent de manière succincte mais triomphale que Rose est en « excellente santé » - jusqu'au jour de sa mort, le 24 septembre 1927. On apprend que Rose « s'est éteinte tout doucement d'inanition, ne voulant plus manger, ni boire, et dans un abattement extrême » et « qu'il n'a pas été possible de l'alimenter artificiellement »[38]. Par ailleurs, durant sa vie captive, Rose n'a pas eu la chance de connaître ces moments durant lesquels les autres singes de Pastoria « sort[aient] en liberté une fois par jour en troupeau sous la conduite d'un chef soigneur et [étaient amenés] aux environs immédiats de manguiers, dans lesquels ils [pouvaient] grimper et s'amuser »[39]. La raison de cette privation de récréation : son « assez grande taille ». Durant toute sa vie, Rose a donc été enfermée dans des « cages (...) incommodes et inconfortables, très souvent en compagnie d'animaux infectés. »

Même si Wilbert déplore les pitoyables conditions de vie de l'animal, le plus important reste le constat, après une autopsie pratiquée « très méticuleusement », que Rose « ne présentait aucune lésion pouvant être liée à la tuberculose »[40]. Rose, comme le babouin Akhal, vacciné lui aussi en 1923, figurent parmi les animaux qui symbolisèrent le succès de la vaccination contre la tuberculose, l'efficacité et l'innocuité du BCG. Presque dix ans

---

[36] Wilbert, R. (1925) Expériences de vaccination des singes contre la tuberculose par le BCG, p. 645.

[37] Animaux d'expérience 1 (Singes), Fiche « Rose », Archives de Pastoria-IRBAG, Kindia, Guinée.

[38] Lettre de Robert Wilbert à Calmette, 18 octobre 1927 (rapport mensuel de septembre 1927) ; Archives Pastoria-IRBAG, Kindia, Guinée.

[39] Wilbert, R. (1926) Rapport sur le fonctionnement du Centre de recherches biologiques sur les singes anthropoïdes de l'Institut Pasteur de Kindia en Guinée française (Institut Pasteur de Kindia), signé le 10 février 1927, p. 15 ; Archives Institut Pasteur de Paris, Fonds Institut Pasteur d'Outremer, IPO.RA.23.

[40] Lettre de Robert Wilbert à Calmette, 18 octobre 1927 (rapport mensuel de septembre 1927) ; Archives Pastoria-IRBAG, Kindia, Guinée.

plus tard, la mémoire de cette victoire est toujours vive et n'a pas été entachée par le procès de Lübeck dont Calmette est sorti indemne en février 1932[41]. Dans un rapport de 1936, Delorme, désormais directeur de Pastoria, déclare : « ces expériences (...) confiées à M. Wilbert, (...) ont tout d'abord permis de se rendre compte de la parfaite tolérance des singes à l'égard du BCG. L'inoculation et l'ingestion de fortes doses de BCG se montrent absolument inoffensives pour les chimpanzés et pour les Pithéciens ; elles ne produisent jamais de lésions tuberculeuses. »[42] Grâce à Rose, Akhal, de même que quatorze autres chimpanzés et cinquante-huit pithéciens, la science pastorienne a accumulé, en quelques années, les preuves qu'elle travaille au service de l'humanité, un leitmotiv qui justifie la présence des Pastoriens sous les tropiques et sert de caution à la colonisation. Le succès du BCG donnera le feu vert pour passer à la vaccination des nouveau-nés et des enfants guinéens, cette vaccination débutant à partir des années 1930.

Farce (1919-1929) entre expérimentations biomédicales en Guinée et expérimentations psychologiques en métropole

Si Rose est l'animal qui incarne le succès de la science pastorienne dans les colonies, le chimpanzé femelle Farce vient parasiter cette histoire victorieuse. Avec la lutte contre la tuberculose, la bataille menée contre le cancer figurait initialement comme la recherche phare de l'Institut Pasteur de Kindia[43]. Cependant, les expérimentations sur les cancers artificiellement induits, qu'elles consistent en des essais de greffes tumorales ou des tentatives de cancérisation à base de goudron ou de divers produits irritants, furent vaines. Le chimpanzé femelle Farce constitue un parfait exemple de cet échec. Cependant, l'histoire ne s'arrête pas là. Encore vaillante malgré les tumeurs cancéreuses qui lui ont été greffées sous la peau en 1926, Farce est expédiée, deux ans plus

[41] Bonah, C. (2007) *Histoire de l'expérimentation humaine en France. Discours et pratiques 1900-1940*, *op. cit.*, p. 20-27.

[42] Delorme, M. (1936) « Pastoria » Institut Pasteur de Kindia, rapport de l'année 1936, signé le 11 juin 1937, p. 25 ; Archives de l'Institut Pasteur de Paris, Fonds Institut Pasteur d'Outremer, IPO.RA.23.

[43] Anonyme, L'Institut Pasteur de Kindia, *Les Annales coloniales*, 28 janvier 1925, p. 3-4, ici p. 4.

tard, à l'Institut Pasteur de Paris pour servir à d'autres fins scientifiques. Elle devient le sujet d'expériences de psychologie menées par Paul Guillaume et Ignace Meyerson, deux psychologues défenseurs de la théorie de la *Gestalt*, également en quête de reconnaissance institutionnelle[44]. Avec cinq autres chimpanzés, Nicole, Trac, Griot, Daphnis et Dubreka, Farce sera soumise à de nombreux tests d'intelligence qui s'appuient sur les expériences pionnières de Wolfgang Köhler sur la capacité d'*insight* des chimpanzés. Les recherches de Köhler furent publiées en 1917 sous le titre *Intelligenzprüfungen an Anthropoiden*, un ouvrage que Guillaume traduisit en français en 1927. Par la suite, Guillaume « s'immisce dans l'œuvre de [Köhler] jusqu'à tenter de vérifier et même de poursuivre le travail du savant allemand. »[45] C'est dans le cadre de ces expériences que Farce entre en scène. Elle n'obtiendra pas les scores impressionnants de Nicole (1917-1929) dont le comportement intelligent corrobore les découvertes de Köhler. L'expérience s'arrêtera avec la mort de Farce et de Nicole au printemps 1929[46].

Cancer expérimental à Kindia : échec de la médecine pastorienne

Le 15 mai 1926, Farce, matricule 353, reçoit sous la peau de l'épaule gauche, à un travers de main de la colonne vertébrale, 2/10 cc. du produit de broyage d'un fragment de tissu humain[47]. La tumeur cancéreuse a été prélevée sur un guinéen par le méde-

---

[44] Thomas, M. (2016) Between Biomedical and Psychological Experiments: the Unexpected Connections between the Pasteur Institutes and the Study of Animal Mind in the Second Quarter of the Twentieth Century in France. *Studies in History and Philosophy of Biological and Biomedical Sciences*, 55(1): 29-40.

[45] Chavot, P. (1994) *Histoire de l'éthologie. Recherches sur le développement des sciences du comportement en Allemagne, Grande-Bretagne et France, de 1930 à nos jours*, thèse de doctorat, Université Louis Pasteur, Strasbourg I, p. 366.

[46] Voir Guillaume, P. et Meyerson, I. (1930b) Recherches sur l'usage de l'instrument chez les singes, Le problème du détour. *Journal de Psychologie Normale et Pathologique*, vol. XXVII, p.177-236, ici p. 179. Quant à sa date de naissance, Guillaume et Meyerson indiquent que Farce serait « née vers 1919 ».

[47] Lettre de Maurice Delorme à Albert Calmette, 15 mai 1928 ; Archives Pastoria-IRBAG, Kindia, Guinée.

cin Major Bonnet, de l'Ambulance de Kindia qui a bien voulu opérer à Pastoria un de ses malades porteur d'une tumeur de la paroi abdominale, et procéder à un essai de greffe sur le chimpanzé Farce. C'est Delorme qui a supervisé les opérations. Dans un rapport de 1936, il écrit : « (...) ces tentatives de greffes de tumeurs ont été infructueuses. Toutefois, il est intéressant de noter que les greffons ont été parfaitement tolérés par l'organisme des anthropoïdes et ne se sont résorbés que très lentement. »[48] Farce n'est pas le seul chimpanzé sur lequel les expériences de pathologie expérimentale ont échoué. Le chimpanzé Riri, qui, entre 1926 et 1927 a reçu soixante-quinze badigeonnages de coaltar du commerce (goudron) au niveau des régions lombo-sacrée et coccygienne, est aussi rescapé des expériences de cancer expérimental, dans ce cas-là, à base de produits chimiques[49].

Traversée vers la France : de la nécessité des soins africains

S'il nous a été possible de retrouver les convois par lesquels les chimpanzés Daphnis, Dubreka, Griot, Trac, Riri et Farce furent expédiés en France (respectivement en juillet 1926 pour les deux premiers et en septembre 1928 pour les quatre derniers), en revanche, nous n'avons trouvé aucune trace du singe Nicole dans les inventaires des paquebots africains à destination de la France. Aucune trace non plus de registres d'entrée d'animaux dans les archives de la singerie de l'Institut Pasteur qui nous aurait permis de connaître l'origine de ce chimpanzé mascotte des études de Guillaume et Meyerson. Mais revenons à Farce. Il peut paraître surprenant d'envoyer en France des « singes rebus » alors que ceux recherchés pour « repeupler la singerie modèle du laboratoire de la tuberculose de l'Institut de Paris » devaient être « soigneusement sélectionnés parmi les plus robustes et les

[48] Delorme, M. (1936) « Pastoria » Institut Pasteur de Kindia, rapport de l'année 1936, signé le 11 juin 1937, p. 25 ; Archives de l'Institut Pasteur de Paris, Fonds Institut Pasteur d'Outremer, IPO.RA.23.
[49] Lettre de Maurice Delorme à Albert Calmette, 9 septembre 1928; Archives Pastoria-IRBAG, Kindia, Guinée.

mieux 'domestiqués' (...). »[50] Un effectif bas à Pastoria en 1928 peut expliquer que Delorme « recycle » des singes ayant servi à des expériences de physiopathologie à Kindia lorsqu'il s'agit de préparer un convoi pour Paris. Il s'en excuse d'ailleurs auprès de Calmette :

> « Je regrette bien vivement de ne pas pouvoir vous envoyer plus de quatre chimpanzés, mais les ressources actuelles de Pastoria ne me permettent pas de faire mieux. (...) le recrutement ne sera pas mieux assuré, tant que dureront les pluies torrentielles que nous subissons depuis le début de l'hivernage[51]. »

Parmi les singes embarqués, se trouvent en effet Farce, Griot, Riri et Trac, dont Delorme pense que « l'examen d'une biopsie pratiquée au niveau de ces cicatrices [laissées suite au badigeonnage de goudron] pourrait fournir des renseigne-ments intéressants. »[52] Une forme d'opportunisme semble donc être à l'origine du nouvel usage expérimental des singes. Ceci n'est pas un phénomène singulier dans l'histoire de la primato-logie. Il existe de nombreux exemples de singes, parmi lesquels le fameux chimpanzé Nim, qui furent d'abord utilisés dans le cadre de recherches comportementales et qui finirent sous la main de physiologistes[53]. Le trajet inverse, par exemple celui de Farce, est plus rare, l'état des animaux étant trop dégradé pour en faire l'objet d'expériences supplémentaires, même non invasives.

Les primates naviguaient habituellement vers la France à bord du *Kouroussa*, mais cette fois-ci, Farce embarque sur le *Foria* qui doit faire escale à Conakry le 11 septembre 1928[54]. Delorme s'est rendu sur place pour « embarquer [lui]-même » le convoi « afin de ne rien laisser au hasard. » Il a été heureux de constater

---

[50] Delorme, M. (1936) « Pastoria » Institut Pasteur de Kindia, rapport de l'année 1936, signé le 11 juin 1937, p. 17. Archives Institut Pasteur de Paris, Fonds Institut Pasteur d'Outremer, IPO.RA.23.

[51] Lettre de Maurice Delorme à Albert Calmette, 9 septembre 1928 ; Archives Pastoria-IRBAG, Kindia, Guinée.

[52] *Ibid.*

[53] Hess, E. (2008) *Nim Chimpsky. The Chimp who would be Human.* New York, Bantam Book, 384 p.

[54] Lettre de Maurice Delorme à Albert Calmette, 15 mai 1928 ; Archives Pastoria-IRBAG, Kindia, Guinée.

que « le Commandant du Foria a bien voulu s'intéresser tout spécialement au sort de [s]es deux hommes [accompagnateurs du convoi] et des singes. » Par ailleurs, Delorme s'est empressé de câbler à M. Fournes, le transitaire de Pastoria à Marseille, pour s'assurer que les singes soient transportés le plus vite possible vers Paris depuis la gare Saint-Charles, une fois le bateau arrivé à Marseille[55].

La femelle Farce et le mâle Griot voyagent dans la même cage, tandis que Riri est encagé avec Trac. Delorme s'est donné pour principe de faire voyager les chimpanzés par deux et veille à son application scrupuleuse. Quelques années plus tard, en 1930, Delorme exhorte le primatologue américain Henry Nissen (1901-1958) à suivre ce conseil alors que Nissen doit expédier dix-huit chimpanzés vers les États-Unis. La raison est la suivante : « la stimulation sociale créée incite le chimpanzé à manger et ainsi à le maintenir en bonne santé. »[56] Delorme estime également que le maintien d'un contact social, dans ce cas avec une personne familière, constitue un point crucial concernant le transport des primates. Ce dispositif est mis en place à la suite de pertes importantes lors des premiers convois. Les singes voyageaient alors isolés. Ici, comme sur la plupart des convois, ce sont deux indigènes, soigneurs à Pastoria, qui ont été désignés pour accompagner les primates en France. Ces soigneurs sont non seulement « au courant des soins à donner aux singes »[57], mais ils veillent aussi à leur fournir une alimentation correcte.

Dans le paquebot qui emporte Farce vers la France, ce sont les indigènes Fode Bangoura, « un ancien tirailleur, très débrouillard, qui parle français, et qui a fait ses preuves comme chef de convoi en juillet 1926 » et Abou Bokari, « un de nos meilleurs employés » qui « comprend le français et commence à le parler »,

---

[55] Lettre de Maurice Delorme à Albert Calmette, probablement datée de septembre 1928 (papier déchiré) ; Archives Pastoria-IRBAG, Kindia, Guinée.
[56] Lettre d'Henry Nissen à Robert M. Yerkes, April 5th, 1930, Nérébili ; Yerkes Papers, Box 36, Folder 689, Manuscripts & Archives, Yale University Library (traduction personnelle).
[57] Lettre de Maurice Delorme à Albert Calmette, 9 septembre 1928 ; Archives Pastoria-IRBAG, Kindia, Guinée.

qui convoient les anciens pensionnaires de Pastoria[58]. Cette opportunité de se rendre en métropole n'a d'ailleurs pas manqué d'attiser les jalousies entre maîtres soigneurs. En 1926, Wilbert rapporte, « sans preuves irréfutables, mais [avec] de très fortes présomptions », que l'un des soigneurs, déçu de n'avoir pas été sélectionné pour accompagner les singes en France, « s'est vengé en empoisonnant quelques chimpanzés et une génisse, prêtée temporairement par des pasteurs voisins, pour la fourniture en vaccin jennérien ». Pour Wilbert, le « malfaiteur n'avait pas été désigné comme convoyeur en raison de la pénurie de notre personnel spécialisé, et de la difficulté de le remplacer dans des fonctions très délicates, où [il] av[ait] eu tant de peine à le mettre au courant de choses tellement nouvelles et tellement minutieuses pour les noirs. » Suit une litanie de plaintes, sans doute pour obtenir le soutien de Calmette et mettre en valeur la difficulté de sa tâche, seul en Afrique : « Hélas, c'est un éternel recommencement pour un dressage qui semble peu profitable aux primitifs de ces régions ! »[59]

Généralement, les soigneurs guinéens ne font que des allers et retours entre la métropole et la colonie. Il arrive cependant que certains restent à Paris pour favoriser l'acclimatation des animaux et pour jouer le rôle de ce qu'Éric Baratay appelle un « édredon émotionnel »[60]. Leur fonction est aussi d'indiquer au personnel parisien les gestes et les soins à prodiguer aux singes. Si la perspective d'aller en métropole a pu apparaître enviable aux yeux de certains Guinéens (et aviver des jalousies comme l'acte vengeur décrit plus haut en témoigne), la réalité parisienne est autre. En 1930, dans une lettre adressée à Wilbert, Calmette se plaint que « les deux noirs (…) bons chez vous [i.e. à Pastoria], ne valent plus rien à Paris » où « ils passent leur temps à dormir ou à ne rien faire. » Selon Calmette, en l'absence de « main ferme pour faire travailler ces noirs », la singerie va à vau-l'eau et est « dans un état de saleté déplorable ». En consé-

---

[58] *Ibid.* et Certificat du 8 septembre 1928, signé par Maurice Delorme ; Archives Pastoria-IRBAG, Kindia, Guinée.

[59] Lettre de Robert Wilbert à Albert Calmette, 16 août 1926; Archives Pastoria-IRBAG, Kindia, Guinée.

[60] Baratay, É. (2017) *Biographies animales. Des vies retrouvées*, *op.cit.*, p 39-41 et p. 51 et aussi sa contribution au présent volume.

quence, il est d'avis qu'il faille « renoncer ici à cette main d'œuvre indigène et tâcher de trouver un bon sujet qui soigne avec plus d'intelligence et d'attention [les] pensionnaires. »[61] L'adaptation des soigneurs africains sous les cieux parisiens est difficile et leurs qualités professionnelles éprouvées sous les tropiques s'évanouissent comme neige au soleil. On peut imaginer que l'éloignement de leurs familles, le manque de maîtrise de la langue, la rigueur de l'hiver parisien, le passage à un milieu urbain alors que ces hommes sont habitués à la ruralité paisible de Kindia, sont autant de facteurs de déstabilisation, entraînant une apathie dans le travail. Comme le confirme Wilbert dans une lettre envoyée à Calmette à la même époque : « [i]l est très difficile de trouver un indigène de bonne volonté pour rester un an et plus en dehors de son pays. »[62]

Les singes sont-ils intelligents ? Farce et la reproduction des expériences de Köhler à l'Institut Pasteur de Paris

À Paris, Farce est enrôlée dans des expériences de psychologie avec cinq autres chimpanzés, mais c'est Nicole qui va lui voler la vedette. Farce est décrite comme « une jeune femelle assez sauvage et défiante, d'intelligence moyenne et dont l'activité était entravée par un mélange de maladresse et de violence. »[63] Une description qui contraste avec celle de Nicole, dépeinte comme « une femelle chimpanzé adolescente (...) d'intelligence très vive, d'une activité très persévérante, d'une curiosité toujours en éveil (...). » Objet d'un intérêt particulier, Nicole est choisie comme modèle pour figurer dans un petit film tourné par les deux psychologues à l'Institut Pasteur en 1927. Elle était, à cet âge, « au point culminant de son développement physique et psychique. »[64] Quant aux autres comparses de Farce, ils connurent des destins

---

[61] Lettre d'Albert Calmette à Robert Wilbert, 23 septembre 1930 ; Archives Pastoria-IRBAG, Kindia, Guinée.

[62] Lettre de Robert Wilbert à Albert Calmette, 3 août 1930; Archives Pastoria-IRBAG, Kindia, Guinée.

[63] Guillaume, P., Meyerson, I. (1930b) Recherches sur l'usage de l'instrument chez les singes, Le problème du détour. Paris, Vrin, p. 179.

[64] Guillaume, P., Meyerson, I. (1930a) Quelques recherches sur l'intelligence des singes (Communications préliminaires). *Journal de psychologie normale et pathologique,* vol. XXVII, p. 92-97, ici p. 93.

moins heureux ou prestigieux. Griot (1921-1927), « petit mâle mort peu après son arrivée à Paris » et sur lequel Guillaume et Meyerson n'auront pu faire que quelques expériences, « semblait intelligent ». Track (également orthographié Trac), « petit mâle né vers 1924, mort peu après son arrivée, n'a donné que peu de résultats, d'autant que son camarade de cage plus âgé, Griot, usurpait toutes les initiatives. » Daphnis, « né vers 1915, est un petit mâle peu intelligent, très craintif et très violent. » Selon Guillaume et Meyerson, « il a sans doute gardé un mauvais souvenir des interventions chirurgicales pratiquées sur lui au laboratoire du cancer de l'Institut Pasteur. » « Il a peur de l'homme et a mis longtemps à s'habituer » à Guillaume et Meyerson et « n'a jamais, en fait, travaillé avec calme en présence des expérimentateurs. » Enfin, Dubreka, « née en 1917, est une petite femelle très peu intelligente, de caractère doux, câlin, mais très timide et très inerte. Elle n'a pas peur de l'homme, mais elle a peur des appareils. » « C'est l'animal » qui a donné à Guillaume et Meyerson « le moins de résultats ; sa lenteur et son indifférence étaient décourageantes. »[65]

À l'Institut Pasteur, les singes arrivés d'Afrique sont logés dans une singerie pour laquelle Calmette avait proposé des plans d'amélioration, dès 1924. Loin de l'architecture des « palais » ou des « rotondes » des jardins zoologiques de la fin du XIXe siècle et du début du XXe siècle, Calmette avait souhaité un lieu où les singes puissent bénéficier du « confort moderne ». À ses yeux, cela signifiait la possibilité de passer du temps à l'air libre, un habitat consistant en une cabane de bois lavable, dont une paroi serait chauffée par une circulation d'eau chaude ; une cour de récréation, une fontaine d'eau courante, où les primates pourraient boire et se baigner[66]. En 1925, la construction de la singerie avait commencé grâce à des dons généreux de la Princesse Marie de Grèce. Elle s'annonçait néanmoins bien éloignée des vœux de Calmette. Certes, les singes n'étaient plus enfermés dans des cages étroites et malsaines, mais ils étaient toujours

---

[65] Guillaume, P., Meyerson, I. (1930b) Recherches sur l'usage de l'instrument chez les singes, Le problème du détour. Paris, Vrin, p. 179.

[66] Calmette, A. (1924) Sur l'utilisation des singes en médecine expérimentale : le laboratoire Pasteur de Kindia (Guinée française). *Bulletin de la Société de Pathologie Exotique,* tome 17, n°1, p. 10-19, ici p. 16-17.

derrière des barreaux et n'avaient pas le loisir de gambader dans un espace à l'air libre comme à Pastoria. Pour un chercheur de l'Institut Pasteur témoin de l'avancée des travaux, la nouvelle singerie, « grand appartement édifié au-dessus des écuries réservées aux lapins rabiques », ressemblait davantage à une « prison », dans laquelle les « anthropoïdes atteints de spleen » succomberaient « avant l'évolution du cancer qu'on aura tenté de leur greffer[67]. »

A priori, les chimpanzés utilisés par Guillaume et Meyerson ne furent pas atteints de dépression, mais l'environnement contraint de la singerie ne fut pas sans incidence sur la manière dont les deux chercheurs menèrent leurs expériences. Contrairement aux chimpanzés de Köhler qui évoluaient en semi-liberté dans un enclos, les singes avec lesquels Guillaume et Meyerson travaillaient à l'Institut Pasteur étaient maintenus dans des cages et exécutaient les tests à travers des barreaux. Compte tenu de ces conditions matérielles particulières, Guillaume et Meyerson avaient été obligés de procéder à des modifications par rapport aux expériences de Köhler. Dans leurs dispositifs expérimentaux, ce n'était pas l'animal qui se déplaçait vers l'objet de convoitise (comme les singes de Köhler capables d'attraper une banane accrochée en hauteur en empilant des caisses réparties sur le sol de l'enclos), mais cet objet (par exemple une banane déposée sur une écritoire à l'extérieur de la cage) que l'animal devait déplacer vers lui à l'aide d'un bâton. Malgré tout, l'idée du détour, capitale dans les expériences de Köhler, était conservée. À partir de leurs nombreuses expériences, Guillaume et Meyerson établirent une échelle de niveaux d'intelligence, où Nicole occupait la première place, suivie par Farce, distançant de loin l'orang-outan Pâris et davantage encore les mangabeys et les callitriches que les scientifiques avaient enrôlés à la Ménagerie du Muséum National d'Histoire Naturelle, en parallèle de leurs expériences à l'Institut Pasteur[68].

Entre tropiques et métropole, Farce et ses compagnons de

---

[67] Lettre de Dup(?) de l'Institut Pasteur de Paris à Robert Wilbert, 7 janvier 1925, Archives Pastoria-IRBAG, Kindia, Guinée.

[68] Guillaume, P. (1928) Notes sur les recherches sur l'usage de l'instrument chez les singes, pièce 12 ; Archives nationales de France, Fonds Ignace Meyerson, 19920046/26.

captivité furent l'objet de l'attention plus ou moins bienveillante de nombreuses personnes. Delorme bien sûr, mais aussi Fode Bangoura et Abou Bokari, les soigneurs-convoyeurs des singes, puis Guillaume et Meyerson, « chercheurs frères », soudés autour de leurs recherches sur la psychologie simienne[69]. Farce permit une forme de promotion des soigneurs de Pastoria, tout en les autorisant à exaucer leur rêve, souvent déçu, de mettre un pied en métropole. Elle servit également la carrière de Delorme, bien que les études sur le cancer fussent un échec. Néanmoins, ce sont surtout Meyerson et Guillaume qui tirèrent leur épingle du jeu. Comme l'attestent ses publications, Guillaume œuvra pour le développement de la psychologie animale, et notamment la psychologie des singes[70]. Cependant, sa trajectoire de carrière laisse supposer que la psychologie animale fut davantage un moyen d'avancer sa carrière qu'une fin en soi. Guillaume (et dans une certaine mesure aussi Meyerson) se montra plus soucieux d'intérêts personnels que de l'ancrage institutionnel de la psychologie animale. Ainsi, il semblerait que les deux chercheurs utilisèrent les singes de l'Institut Pasteur davantage comme véhicules pour donner à la psychologie une base scientifique solide et, par là même, faciliter sa reconnaissance comme un champ académique à part entière, ne laissant qu'une place minime aux animaux[71].

Tarzan (ca 1941- ?), symbole des singes morts pour la science à Pastoria

Tout comme pour Nicole, il est possible de retracer la biographie du chimpanzé Tarzan, en suivant diverses traces iconographiques. Sa photo, prise à Pastoria, figure dans un rapport annuel de la station ainsi que dans un article publié en

---

[69] Meyerson, I. (1920-1983/1987) « Paul Guillaume » dans *Écrits 1920-1983. Pour une psychologie historique*. Paris, PUF, p. 377-386, ici p. 379.

[70] Guillaume, P. (1940) *La psychologie animale*. Paris, Armand Colin, 210 p. et Guillaume, P. (1941) *La psychologie des singes*. In : Dumas, G., *Nouveau traité de psychologie, Tome VIII, fascicule 2*. Paris, PUF, p.257-355.

[71] Thomas, M. (2017) Entre Paris et les Tropiques, le rôle inattendu des Instituts Pasteur dans la naissance de la psychologie animale pendant la période coloniale, *Revue de Primatologie,* Varia 8, disponible sur le site http://journals.openedition.org/primatologie/2765 (consulté le 09/08/2018).

1956 dans le *Bulletin de la Société d'Anthropologie*. Les deux textes, copier-coller l'un de l'autre, ont été rédigés par Gustave Lefrou (1892-1969), ancien médecin colonel nommé, à titre civil, au poste de directeur de Pastoria en 1949, et succédant à une cohorte de vétérinaires. Sur cette photo, on voit Tarzan qui enlace Chita (aussi orthographié Cita), l'une de ses « compagnes », tout en dévoilant largement ses dents. Pour Lefrou qui commente la photo, « ces chimpanzés rient », ils « ont une expression humaine ». C'est la scène d'un « flirt à Pastoria »[72]. Plus généralement, l'étude du rire de Tarzan révèle l'arrière-plan raciste des théories de Lefrou, le chimpanzé apparaissant comme un spécimen expérimental, intermédiaire entre l'homme noir et l'homme blanc, parfois aussi mobilisé dans la comparaison avec des enfants africains[73]. À Pastoria, le nom de Tarzan est associé à ce singe rieur, si ce n'est rebelle, comme en témoigne un ancien soigneur de la station, mais aussi à la vaccination contre la tuberculose. Par ailleurs, son nom évoque la réussite de la reproduction en captivité dans un lieu précis de Pastoria, le « parc à chimpanzés », dont il existe encore des vestiges. En effet, entre 1954 et 1957, Tarzan sera le père de cinq petits, nés de trois femelles : II, Téné (un autre nom attribué à Cita) et Dioulde (ou Duldé). Enfin, le nom de Tarzan figure sur une pierre tombale toujours présente sur le site. Sur cette stèle, Tarzan est dit avoir été « Le chimpanzé, serviteur de la science ». On peut alors s'interroger sur la nature de ce service et surtout sur ce que signifie, dans le contexte post-colonial, l'établissement puis la revalorisation de cette tombe en 1996.

---

[72] Lefrou, G. (1951) Rapport technique annuel, rédigé le 20 juin 1952, Institut Pasteur de Kindia, Guinée, AOF, 1952, p. 65 ; Archives Institut Pasteur de Paris, Fonds Institut Pasteur d'Outremer, IPO.RA.23. Voir aussi Lefrou, G. (1956) Contribution à l'étude de la mimique chez les anthropoïdes : le rire chez les chimpanzés. *Bulletin de la Société d'Anthropologie*, tome 7, X^e^ série, p. 283-288, ici p. 285.

[73] Lefrou, G. (1943) *Le Noir d'Afrique : anthropo-biologie et raciologie*. Paris, Payot, 429 p. Voir aussi, pour le rapprochement entre chimpanzés et enfants africains quant à la maladie du Kwashiorkor : Lefrou, G. (1951) Rapport technique annuel, rédigé le 20 juin 1952, Institut Pasteur de Kindia, Guinée, AOF, 1952, p. 57 ; Archives Institut Pasteur de Paris, Fonds Institut Pasteur d'Outremer, IPO.RA.23.

Tarzan ou le défi de la reproduction en captivité

Que sait-on de Tarzan ? Des éléments liés à son signalement sont inscrits sur des anciens formulaires du personnel par Lefrou qui, en période de pénurie, recycle tout imprimé, qu'il soit administratif ou publicitaire, pour ses notes scientifiques. À la fin des années 1940, la station se remet difficilement des difficultés générées par la Seconde Guerre mondiale. En témoignent les récits de l'écrivain-journaliste Maurice Genevoix, qui visite la station en 1947 à la faveur d'un long séjour en Afrique, ou encore du médecin biologiste Maurice Mathis, chargé d'une mission officielle en 1949 par le Gouvernement Général de l'AOF[74]. On apprend que Tarzan est entré à Pastoria le 21 avril 1949, qu'il a été malade (soigné notamment pour des infections intestinales) et qu'il a été mis au « parc » au début de l'année 1952[75]. Ce parc, décrit comme un lieu de « semi-liberté » comme nous le détaillerons plus bas, est un terrain destiné à accueillir les chimpanzés afin de faciliter leur reproduction. Selon les données actuelles, la maturité sexuelle des chimpanzés se situe entre 11 et 13 ans. Si Tarzan devient un occupant du parc en 1952 et ce à trois reprises (janvier, juin et décembre), ce n'est qu'à partir de 1954 que ses capacités de mâle reproducteur sont attestées. En se basant sur cette année, on peut estimer que Tarzan est né entre 1941 et 1943.

La question de la reproduction des grands singes en captivité n'est pas anodine. L'historiographie s'accorde pour désigner Anumá, fils de Jimmy et Cucusa, comme le premier chimpanzé à être né en captivité. Il naît le 27 avril 1915, dans la colonie de Rosalia Abreu, une riche cubaine de La Havane amoureuse des singes et désireuse de générer toute forme de connaissances scientifiques à leur sujet[76]. Cette naissance est relatée par le pri-

---

[74] Genevoix, M. (1949/1957) *Afrique blanche. Afrique noire*. Brinon-sur-Sauldre, Éditions Grandvaux. Ce livre reprend des textes publiés sous la forme d'une chronique dans *La Revue des Deux Mondes* en 1947. Voir aussi Mathis, M. (1950) Utilisation du 'chimpanzé' en médecine expérimentale : origine, succès, échecs, abandon. Une reprise est-elle possible ? *Biologie Médicale*, tome XXXIX, 58e année, p. 35-55.

[75] Lefrou, G. Dossier « Parc », Fiche de position de Tarzan, Archives de Pastoria-IRBAG, Kindia, Guinée.

[76] Voir Rossiianov, K. (2002) Beyond Species: Il'ya Ivanov and his Experiments on Cross-breeding Humans with Anthropoid Apes. *Science in Context,*

matologue américain Robert Yerkes (1876-1956) dans *Almost Human* (1925). Calmette possède le livre dans sa bibliothèque à l'Institut Pasteur de Paris[77]. Déjà en 1924, il sait que « l'élevage des singes, particulièrement des chimpanzés, est un art qu'il faut apprendre et qui présente de multiples difficultés. »[78] Il fera de cette question délicate l'un des enjeux de Pastoria lorsqu'il déclare qu'il faut « avant tout, organiser (…) un centre de recrutement, ou, si possible, d'élevage de ces singes à côté d'un laboratoire (…). »[79] C'est certainement cette préoccupation qui, en 1926, le conduit à apporter son soutien aux études du professeur Il'ya Ivanovich Ivanov (1870-1932), spécialiste mondial de l'insémination artificielle, et à lui ouvrir les portes du laboratoire guinéen. Le chercheur russe fera un séjour de quelques semaines à Pastoria mais, davantage préoccupé par ses expériences d'hybridation entre humains et grands singes, et frustré par le manque de moyens de la station, il se rabattra sur la singerie du jardin botanique de Conakry pour poursuivre ses expérimentations[80]. À l'instar de Calmette, tous les directeurs de Pastoria, soucieux de s'affranchir de la nécessité de la capture des singes, toujours coûteuse en vies, vont s'atteler à la difficile tâche de mener à bien la reproduction de primates en captivité.

En 1926, la construction d'un « parc à chimpanzés » est décidée, grâce à un fonds d'emprunt. Comme l'indique Wilbert, ce parc, qui se veut une « reproduction du zoo de Vincennes, avec rochers naturels, arbres, etc., a été isolé dans la concession par des fossés naturels ou artificiels de 3 mètres de profondeur et 5

---

vol. 15, n° 2, p. 277-316, ici p. 291 ; Montgomery, G. M. (2015) *Primates in the Real World. Escaping Primate Folklore and Creating Primate Science.* Charlottesville and London, University of Virginia Press, p. 35; voir aussi Herzfeld, C. (2017) *The Great Apes. A short History*. New Haven and London, Yale University Press, p. 136.

[77] Yerkes, R. (1925) *Almost Human.* New York and London, The Century Co., p. 61-63. Voir aussi Lettre d'Albert Calmette à Robert Yerkes, 14 août 1926 ; Robert Mearns Yerkes Papers, Manuscripts and Archives, Yale University Library, Group n° 569, Series II, Box 69, Folder 1314.

[78] Calmette, A. (1924) Sur l'utilisation des singes en médecine expérimentale : le laboratoire Pasteur de Kindia (Guinée française), p. 16.

[79] *Ibid.*, p. 10.

[80] Rossiianov, K. (2002) Beyond Species: Il'ya Ivanov and his Experiments on Cross-breeding Humans with Anthropoid Apes, p. 278-279 et p. 293-295.

mètres de largeur, abrupts à l'extérieur et en pente douce à l'intérieur. Un des fossés est constitué par un petit marigot encaissé. »[81] Au milieu du terrain, « une petite maison a été construite comme logement et abri des singes. »[82] Sans aucun doute, ce parc fait écho au zoo révolutionnaire imaginé par Carl Hagenbeck à Stellingen en 1907, où l'illusion que l'animal évolue dans son milieu naturel est créée à partir d'un effet de perspective sur un territoire encerclé par des fossés. Stellingen servit également de modèle pour le zoo de Vincennes. Faute de moyens, la construction de ce qui sera désormais appelé « terre-plein des chimpanzés » a pris de longues années et a rendu nécessaire un « travail gigantesque de maçonnerie ». En 1949, un mur vertical haut de trois mètres et long d'environ 100 mètres entoure désormais le terre-plein de chaque côté[83].

Mais, contrairement au zoo de Stellingen ou au zoo de Vincennes, la semi-liberté ici ne vise pas à créer l'étonnement du spectateur. « Peu accessible », « rigoureusement fermé aux indigènes », ce parc doit assurer le calme et la tranquillité nécessaires aux chimpanzés. Ainsi, pour Wilbert, l'endroit est propice à « l'étude des conditions biologiques dans lesquelles se développent les animaux », mais doit donner aussi « des résultats de première importance pour les études psychologiques à entreprendre sur les grands singes. »[84] Plus précisément, cet immense parc, qui sera finalement aménagé par Delorme puis Hector Llovérol, les directeurs qui succèdent à Wilbert après son départ en 1932, vise à « entretenir en semi-captivité quelques couples de chimpanzés et suivre leur développement, à observer des différentes phases de l'accouplement qui sont encore inconnues »[85].

---

[81] Wilbert, R. (1923-1932) Rapport sur la Création et le Fonctionnement de l'Institut Pasteur de Kindia (Pastoria), signé le 3 décembre 1933, p. 12 ; Archives Institut Pasteur de Paris, Fonds Institut Pasteur d'Outremer, IPO.RA.23.

[82] Mathis, M. (1954) *Vie et mœurs des anthropoïdes*. Paris, Payot, p. 156.

[83] *Ibid.*

[84] Wilbert, R. (1923-1932) Rapport sur la Création et le Fonctionnement de l'Institut Pasteur de Kindia (Pastoria), signé le 3 décembre 1933, p. 12 ; Archives Institut Pasteur de Paris, Fonds Institut Pasteur d'Outremer, IPO.RA.23.

[85] Mathis, M. « Utilisation du 'chimpanzé' en médecine expérimentale », p. 42.

En effet, d'une guérite extérieure bien camouflée, on espérait observer, avec des jumelles, les chimpanzés livrés à eux-mêmes[86]. L'opération était loin d'être aisée, car les singes pouvaient facilement échapper aux regards, en se dissimilant derrière les grandes herbes de brousse du terre-plein[87].

À Pastoria, Tarzan est le seul mâle qui réussira à se reproduire. Grâce à lui, Lefrou réalise enfin le projet dont Calmette avait rêvé. Tarzan sera finalement le père de cinq petits chimpanzés. Pan-Prim, né le 31 août 1954 et dont la mère est Il ; Pan-Bis, né le 13 septembre 1954 et dont la mère est Cita (ou Téné), et Pan-Ter, né de Duldé, le 10 juillet 1955[88]. Comme le constate avec satisfaction Lefrou, « le mâle Tarzan paraît s'accommoder fort bien de cette nombreuse famille et n'a jamais de geste brutal envers les petits, même lorsque ceux-ci s'approchent de lui, en voulant jouer. Au 31 décembre 1955, les trois 'bébés' chimpanzés sont en très bonne santé. »[89] L'état nominatif des chimpanzés en vie au 31 décembre 1956 mentionne l'existence de Pan-Bis et Pan-Ter, mais pas de Pan-Prim qui a dû mourir au cours de l'année 1956[90]. En 1957, deux autres petits naîtront : l'un de Il, le 21 mars, l'autre de Téné, le 21 octobre[91]. Nous n'avons pu trouver les noms de ces deux derniers bébés chimpanzés.

La tombe de Tarzan : honorer et enterrer un singe « comme un humain »

Quand Tarzan est-il mort et quand a-t-il été enterré ? Son nom figurait encore dans l'inventaire des chimpanzés fin décembre 1956, dernier inventaire en date que j'ai pu consulter. En re-

---

[86] Mathis, M. (1954) *Vie et mœurs des anthropoïdes*. Paris, Payot, p. 156.

[87] Genevoix, M. (1949/1957) *Afrique blanche. Afrique noire*, p. 194.

[88] Lefrou, G. Dossier « Parc », Fiches de position des Tarzan, Duldé, Cita (Téné), Pan-Prim, Pan-Bis, Pan-Ter ; Archives de Pastoria-IRBAG, Kindia, Guinée.

[89] Gustave Lefrou, G. (1955) Rapport technique, Institut Pasteur de Kindia, Guinée, rapport signé le 20 juin 1956, p. 11; Archives Institut Pasteur de Paris, Fonds Institut Pasteur d'Outremer, IPO.RA.23.

[90] Gustave Lefrou, G. (1956) Rapport technique, Institut Pasteur de Kindia, Guinée, non signé, p. 7; Archives Institut Pasteur de Paris, Fonds Institut Pasteur d'Outremer, IPO.RA.23.

[91] Lefrou, G. Dossier « Parc », Fiches de position du 2e petit de Il et du 2e petit de Téné.

vanche, une enquête auprès de Mamadou Sylla, fils d'un ancien soigneur de Pastoria, m'a permis de situer la date d'enfouissement de Tarzan après le départ de Lefrou, donc après 1959[92]. La stèle, quant à elle, date de 1996. Son érection a été ordonnée par Dr Bocar Dieng, directeur de l'institut à l'époque, qui, en plus de l'aménagement de la tombe, avait commandé la construction du mur d'enceinte actuel du site. Les travaux ont été confiés au Dr Mamadou Cellou Baldé, à l'époque chef du département de zoologie médicale, aujourd'hui Directeur général adjoint de l'IRBAG (Institut de recherche en biologie appliquée de Guinée)[93]. Selon Mamadou Cellou Baldé, la stèle a été érigée là où un piquet émergeait d'un tas de pierres identifiant ainsi un lieu d'enfouissement privilégié. En effet, Tarzan n'est pas le seul animal qui fut enterré. Un chimpanzé femelle du nom de Fatou aurait également été mis en terre sur le site de Pastoria. Sa sociabilité a marqué les mémoires, alors que le nom de Tarzan a été associé à la vaccination contre la tuberculose[94]. Cela est assez curieux, puisque Tarzan n'a pas été l'objet d'expérimentations liées à la tuberculose, même s'il a certainement été vacciné contre cette maladie à son arrivée à Pastoria. Il apparaît donc que Tarzan représente symboliquement les singes morts à Pastoria au nom de la science. Par ailleurs, il a été rapporté que Tarzan avait été enterré « comme un homme en Afrique », c'est-à-dire « proprement lavé et drapé dans un linceul avant d'être placé dans la tombe »[95]. Cette expression de la gratitude des Guinéens envers ce « serviteur de la science » est confirmée par le récit de Mamadou Sylla :

> « Ce sont les Guinéens qui ont décidé de l'enterrer, comme un être vivant, comme un être humain comme nous. Il a vécu longtemps avec nous, il a servi, il a beau-

[92] Interview de Mamadou Sylla, dit Tamba, soigneur à l'IRBAG-Pastoria, 20 mars 2018 (traduction du soussou en français assurée par Sekou Sidibé).
[93] Courriel de Mamoudou Cellou Baldé, Directeur-adjoint de l'IRBAG, 26 avril 2018.
[94] Courriel de Mamoudou Cellou Baldé, 31 juin 2018.
[95] Courriel de Mamoudou Cellou Baldé, 4 juin 2018.

coup servi. Donc, ils ont préféré l'enterrer comme un humain[96]. »

Notons que cette empathie à l'égard d'un singe enrôlé dans des études scientifiques n'est pas isolée. Georgina Montgomery introduit son livre *Primates in the Real World* par une photo de tombes de babouins au Parc Amboseli, tout autant qu'elle souligne à quel point les chercheurs kényans « expriment beaucoup d'affection pour les primates qu'ils étudient au point de dire qu'ils sont 'vraiment comme [eux]', voire 'une part d'[eux]-mêmes' »[97]. Montgomery mentionne aussi la manière dont les Japonais honorent les primates enrôlés dans leurs recherches, au moment de leur mort. Ils vont jusqu'à organiser pour chacun d'entre eux une cérémonie funéraire afin de les remercier pour les services rendus[98].

Tarzan, singe rebelle au service de la mémoire coloniale

Si Tarzan a eu les honneurs d'une sépulture pour ses services rendus à la science (davantage relatifs à ses capacités reproductrices et à sa sociabilité qu'à des qualités de cobaye de laboratoire), il est également connu pour un trait de personnalité dévoilé par les enquêtes orales : son caractère rebelle. Pour Mamadou Sylla, si l'on a donné le prénom de Tarzan à ce singe, c'est parce que le nom de Tarzan renvoyait à « un homme qui avait une grande force, qui était robuste, voire féroce » et que ces caractères lui convenaient parfaitement. Une anecdote vient à l'appui de ce jugement. Quand les travailleurs de Pastoria étaient sortis, c'était lui, Tarzan, qui assurait le gardiennage du site. Il ne permettait à aucun étranger de passer et n'autorisait l'entrée qu'à des travailleurs qu'il connaissait[99].

---

[96] Interview de Mamadou Sylla, dit Tamba, 20 mars 2018.

[97] Montgomery, G. M., *Primates in the Real World*, *op. cit.*, p. 1 (traduction personnelle).

[98] Montgomery, G. M., *Primates in the Real World*, *op. cit.*, p. 8 (traduction personnelle).

[99] Interview de Mamadou Sylla, dit Tamba, IRBAG-Pastoria, le 20 mars 2018 (traduction du soussou en français assurée par Sekou Sidibé). On m'a également rapporté, au hasard d'un échange avec une personne de l'IRBAG-Pastoria, que Tarzan allait parfois au marché de Kindia avec l'un des employés de Pastoria.

Tarzan ne fut néanmoins pas le seul à manifester cette identité « rebelle ». Ce fut également le cas des chimpanzés qui occupèrent les premiers le parc à chimpanzés. Fort de sa visite à Pastoria, le Pastorien Maurice Mathis écrit qu'au début de la mise en fonction du terre-plein, « les singes [chimpanzés] en liberté [avaient] massacré tous les manguiers en les effeuillant complètement ; par manque d'espace, ils [s'étaient] livrés à des combats mortels et [étaient] redevenus tellement sauvages que pour les reprendre, il fallait organiser de véritables battues, avec tous les dangers qu'elles compor[taient] »[100]. Certains actes de « résistance »[101] se traduisirent par diverses dégradations. Certains chimpanzés ne voulurent jamais « utiliser la maison comme abri pour dormir, et (…) au contraire, (…) s'amusaient à manier avec une violence inouïe la grille qui la fermait, faisant toutes les nuits un vacarme insupportable. » Summum de la puissance des singes sur les hommes, « plusieurs fois, les chimpanzés parvinrent à faire tomber un arbre mort contre le mur de l'enceinte et s'en servir pour rejoindre leur forêt natale. »[102]

Ainsi, on apprend de la sorte qu'à l'origine, le parc aux chimpanzés fut un fiasco. Les animaux rétifs reprirent leurs mœurs naturelles (jeux, agressivité, combats), voire redevinrent sauvages aux yeux de leurs geôliers, arrivant même parfois à s'échapper et à retrouver la forêt. Ceux qui ne purent fuir se retrouvèrent en cage. Mathis les décrit comme étant maintenus « dans un état lamentable : pelés, glabres, d'une maigreur squelettique. »[103] Lefrou s'est gardé de mentionner ces épisodes où les chimpanzés ont échappé au contrôle des hommes, ainsi que les difficultés rencontrées à les maintenir dans un état de semiliberté. Il doit pourtant se résoudre à constater l'échec de ce projet qui, peu de temps après sa prise de fonction, « n'avait malheu-

---

[100] Mathis, M. « Utilisation du 'chimpanzé' en médecine expérimentale », p. 43.

[101] J'emploie le terme de « résistance » pour indiquer une interaction entre hommes et singes, ici en réaction avec le nouveau lieu de vie imposé par les scientifiques aux chimpanzés. Cela révèle aussi une agentivité chez les singes, que je n'ai pas explorée plus avant.

[102] Mathis, M. (1954) *Vie et mœurs des anthropoïdes, op. cit.*, p. 156-157.

[103] Mathis, M. « Utilisation du 'chimpanzé' en médecine expérimentale », p. 44.

reusement pas donné les résultats escomptés »[104]. Grâce à Tarzan qui fut mis au parc ultérieurement à ces épisodes, on ne resta pas sur cet échec et Lefrou put se vanter d'avoir réussi le pari difficile de faire naître des petits chimpanzés à Pastoria. Tout comme les nombreux ratés du parc aux chimpanzés furent passés sous silence par Lefrou, le caractère rebelle de Tarzan, tel qu'il a pu être décrit par les Guinéens, apparaît sous d'autres traits, plus avantageux, sous sa plume : le singe est rieur, ou, au plus, légèrement provocateur.

Par ailleurs, le fait qu'un singe, Tarzan, et non un scientifique (occidental) soit honoré à travers la stèle commémorative, peut symboliser un geste d'affranchissement vis-à-vis de la puissance coloniale. Ceci peut être étayé par la manière dont s'est effectuée la décolonisation de la Guinée. En 1958, contrairement à d'autres pays de l'Afrique de l'Ouest, comme le Sénégal ou la Côte d'Ivoire, la Guinée, colonie française depuis 1891, rejeta tout compromis avec la France, notamment en refusant d'intégrer la Communauté française. « Nous préférons la pauvreté dans la liberté à la richesse dans l'esclavage » lança Ahmed Sékou Touré, futur président de la République de Guinée, au Général de Gaulle[105]. Des mots qui heurtèrent la sensibilité du Général, comme le rapporta la presse de l'époque. Dans la lignée d'une telle radicalité, cette stèle peut s'envisager comme un pied de nez à l'encontre de la science coloniale, ici pastorienne. Elle renverse les récits dominants qui décrivent des Pastoriens comme des missionnaires laïques envoyés dans les colonies pour répandre une science au service de l'humanité. Ici, le héros n'est pas un homme, mais un singe, qui, de surcroît, porte le nom d'un homme blanc, emblématique de la civilisation occidentale, tel qu'il apparaît dans le film éponyme de 1932. La tombe a été érigée par les Guinéens après la décolonisation, tandis que de nombreuses traces du passé colonial ont été effacées du site de Pastoria. Les anciens jardins à la française, reflets de la conquête de la civilisation sur le « sauvage », ici symbolisé par la brousse,

---

104 Mathis, M. (1954) *Vie et mœurs des anthropoïdes, op. cit.*, p. 156.

105 Goerg, O., Pauthier, C., Diallo, A. (2010) *Le NON de la Guinée (1958). Entre mythe, relecture historique et résonances contemporaines. Cahier Afrique n°25*, avec le concours du laboratoire SEDET (CNRS) et de l'Université Paris-Diderot, Paris, L'Harmattan.

ont, par exemple, disparu. De même, il ne reste aucune trace de la stèle qui honorait les fondateurs de Pastoria, Wilbert et Delorme, alors qu'elle était encore présente sur le site en 1956, comme le prouve un dessin-carte de vœux adressé au directeur Lefrou pour lui souhaiter « une bonne et heureuse année 1956 »[106].

Conclusion

Rose, Farce et Tarzan sont trois exemples choisis parmi les milliers de singes qui passèrent par Pastoria pendant la période coloniale. L'étude de leurs biographies a révélé des tensions entre sciences biomédicales et sciences psycholo-giques, entre laboratoire et milieu naturel, entre savoirs coloniaux et savoirs locaux. Ces trois biographies permettent aussi de comprendre comment science et colonisation marchèrent main dans la main, faisant apparaître une volonté de domination de la part des colons, mais aussi des revendications, voire des protestations de la part des colonisés. L'étude des trajectoires des dix-huit singes capturés dans les environs de Kindia, puis convoyés de Pastoria par le psychologue Nissen vers les États-Unis pour approvisionner en singes les laboratoires de Yerkes à New Haven (Université de Yale) et à Orange Park (en Floride), pourrait ouvrir d'autres pistes de recherche intéressantes, notamment celle de la circulation et de l'internationalisation des savoirs sur les singes, afin d'éclairer ce qu'on pourrait appeler la « pré-histoire » de la primatologie. Enfin, nous notons qu'il serait fécond d'explorer la question de l'attribution d'un prénom aux singes. Nous l'avons vu, les chimpanzés qui entrent à Pastoria reçoivent un numéro qui correspond à leur ordre d'arrivée dans la station (matricule), mais aussi un nom qui renvoie soit au lieu de leur capture (Dubreka, Fahrana, Gangan), soit à des personnages de contes (Cendrillon, Colombine, Chérubin), à des comédies de Molière (Harpagon, Tartufe, Oronte), à des prénoms français communs (Rose, Fred, Hector, Luc, Catherine, Julie, Luce, Natacha, Gertrude) à des noms comiques (Loustic, Lustre, Mauviette, Bandit, Nigaud,

[106] Dessin « Bonne et heureuse année 1956. Institut Pasteur », Archives de Pastoria-IRBAG, Kindia, Guinée. Sur ce dessin figure, en bas à droite, une pierre tombale avec le profil sculpté d'un homme et l'inscription « À Wilbert et Delorme ».

Loir, Gargamelle, Charlot, Mégère), soit encore à des noms vernaculaires dans la langue indigène (Akhal, Yakoum, Kali, Balanou, Batouala, Nabab). Dans les premières années d'existence de Pastoria, les cynocéphales eurent le privilège d'être nommés. Ils le perdirent par la suite alors que ce privilège fut conservé pour les chimpanzés. Pourquoi assigner un nom plutôt qu'un nombre à des animaux de laboratoire ? La question a été posée par les scientifiques eux-mêmes ainsi que par des historiens des sciences[107]. Nissen, qui séjourna à Pastoria en 1930, nous donne des éléments pour une réflexion future :

> « J'ai finalement (...) attribué des noms aux animaux [ici chimpanzés] sans chercher une rime ou une raison, simplement afin de les appeler par quelque chose de plus qu'un nombre. La seule contrainte à laquelle je me suis plié fut de m'en tenir à des noms indigènes. (...) Ma recommandation principale est de ne pas utiliser des nombres seuls – je pense que, sur le long terme, cela s'avérerait très peu satisfaisant.[108] »

---

[107] Voir notamment Benson, É. (2016) Naming the Ethological Subject, *Science in Context*, 29(3): 107-128.

[108] « I finally (...) assigned names to the animals [ici chimpanzés] without rhyme or reason, merely in order to have something more than a number to call them. The only discrimination I used was to confine myself to native names. (...) My principal recommendation is that you do not use numbers only – I think this would prove very unsatisfactory in the long run. » Extrait de Lettre d'Henry Nissen à Robert Yerkes, July 9, 1930, New Haven, Yerkes papers, Box 36, Folder 689, Manuscripts & Archives, Yale University Library (traduction personnelle).

Chapitre V

Can Animals speak?
Théories postcoloniales et *Animal Studies* ou de l'indiscipline scientifique à la ménagerie *queer*

Catherine Repussard

La question quelque peu provocante du titre de cette contribution « Can Animals speak ? » renvoie clairement à l'article, célèbre entre tous, de Gayatri C. Spivak « Can the Subaltern speak? »[1] (1988) qui se trouve au cœur même des théories postcoloniales. Ces dernières se sont affirmées avec force à partir des années 1980 dans le sillage de ce que l'on a pris l'habitude de désigner par l'expression *cultural turn*, tenu par Lynette Tyrmann et Mark D. Jacobs pour l'un des infléchissements majeurs au sein des sciences de l'homme et des sciences sociales de ces dix dernières années[2]. Intriquant dans des recherches encore teintées de positivisme des champs « périphériques » comme le poststructuralisme, les études culturelles, la critique littéraire et certains domaines de la linguistique, les théories postcoloniales visent à revaloriser le rôle central joué par la culture. Cette dernière en vient alors à être repensée et saisie comme la façon dont on communique, dont on fait société, dont on construit son identité et dont on définit valeurs et croyances[3]. Quoi qu'il en soit, ces différents « tournants » ont induit un véritable décentrement disciplinaire et ouvert la voie à d'autres que l'on peut saisir comme une entreprise radicale de déstabilisation des catégories de pensée occidentales. Parmi ces derniers, nous avons choisi de nous pen-

[1] Spivak, G. C. (1995) Can the Subaltern speak? In : Ashcroft, B., Griffiths, G., Tiffin, H. (eds.) *The Post-Colonial Studies Reader*, Routledge, p. 24-29. Voir également : Spivak, G. C. (2009) *Les subalternes peuvent-elles parler* ?, traduction française de Jérôme Vidal. Paris, Amsterdam, 112 p.
[2] Jacobs, M., Spillman, L. (2005) Cultural turn. *Poetics*, 33 (1) : 1-14.
[3] Steven Best (2007) Cultural Turn. In : Ritzer, G (ed.) *The Blackwell Encyclopedia of Sociology*, Blackwell, p. 367.

cher plus précisément sur ce que ces nouvelles approches peuvent avoir en commun en interrogeant notamment les liens entre théories postcoloniales et études animales.

Les théories postcoloniales visent à débusquer le substrat colonial se développant au sein des cultures occidentales et ainsi à remettre en question l'affirmation que le colonial et son approche dichotomique du monde que souligne l'expression *The West and the Rest* (Stuart Hall)[4] appartiendraient à un passé révolu. De la même façon, les approches liées à ce que nous pourrions considérer comme un « tournant animal » ou « *Animal turn* » visent à relativiser la supériorité de l'homme face aux autres animaux, tout en cherchant à débusquer les manifestations d'un anthropocentrisme que l'on considère comme appartenant à une époque dépassée et dont l'objectif était et serait encore de « subalterniser », parfois violemment, les animaux, et parmi ces derniers, certains davantage que d'autres. Ainsi, l'ancrage épistémologique des *Animal studies* ou encore des *Human-animal Studies*[5], semble étonnamment proche de celui des théories postcoloniales, ainsi que nous nous proposons de le montrer dans les deux premières parties de cette contribution, la troisième étant consacrée à un questionnement critique de ces soubassements théoriques.

Nous nous appuierons dans cette contribution sur la définition de la posture postcoloniale donnée par la politologue Marie-Claude Smouts, qui nous permettra également d'aborder les études animales. Marie-Claude Smouts tient le postcolonialisme pour : « (…) une approche, une manière de poser les problèmes, une démarche critique qui s'intéresse aux conditions de la production culturelle des savoirs sur Soi et sur l'Autre, et à la

---

[4] Spivak, G. C. (1985), *Europe And His Others*, Vol 1, Colchester University of Essex ; voir également Said, E. W. (1994) *Culture And Imperialism*. New York, Vintage, 170 p. Les ouvrages « classiques » d'Edward Said, dont *Orientalism* (1979) et quelques années plus tard, *Imperialism and Culture* (1994) sont emblématiques de cette façon de voir. D'autres titres expriment plus nettement encore cette façon que l'on peut qualifier de « binariste » d'appréhender les choses. Voir également : Hall, S. (1992), *The West and the Rest: Discourse and Power*. In Hall, S., Gieben, B. (eds.) *Formations of Modernity*, Cambridge University Press, p. 275-331.

[5] Voir par exemple la parution en 2014 du *Routledge Handbook of Human-Animal Studies*.

capacité d'initiative et d'action des opprimés (*agency*) dans un contexte de domination hégémonique[6]. »

Les théoriciens postcoloniaux ont transposé la notion d'« hégémonie » telle que l'a développée Gramsci[7] sur le rapport colonisateur / colonisé et tenté de promouvoir des travaux qu'ils considèrent comme « contre-hégémoniques »[8]. Pour eux, une relation d'autorité et / ou de subalternisation caractérise toute société coloniale, impliquant une nécessaire adaptation à des formes culturelles déterminées par l'autorité. Le projet postcolonial revient alors à mettre en lumière les formes essentialistes et totalisantes de l'« eurocentrisme » afin de pouvoir les déconstruire et de parvenir à une « sortie de l'Europe », saisie comme le seul moyen d'une réelle émancipation. Celle-ci est comprise comme la réappropriation d'une parole, entendons d'une autonomie saisie comme capacité d'agir (*agency*.)

Parallèlement, les études animales (*Animal Studies*) semblent procéder de la même posture. Si 1492 est parfois donné comme césure par certains théoriciens postcoloniaux comme Stuart Hall, c'est la Renaissance et dans son sillage l'Humanisme, jusque-là pensé dans son acception positive car centrée sur la capacité de l'Homme à progresser et à accéder ainsi à un haut degré d'épanouissement personnel, que le « posthumanisme » contemporain vise à remettre en cause. Plus question désormais d'évoquer un monde qui serait divisé en un centre (l'Europe pour les postcoloniaux, l'Humain pour certains penseurs des *Animal Studies*) et une périphérie (située hors d'Europe pour les uns,

---

[6] Smouts, M-C. (2007), Le postcolonial pour quoi faire ? In : Smouts, M-C. (ed.), *La situation postcoloniale*, Presses de Sciences Po, p. 33.

[7] Gramsci nomme « hégémonie » le processus par lequel les classes dominantes légitiment et perpétuent leur domination par l'assentiment de vastes couches de la population : l'« hégémonie » bourgeoise s'appuie sur la subordination idéologique des travailleurs. La « phase hégémonique » du capitalisme correspond à un moment historique où la bourgeoisie ne domine pas simplement grâce à ses moyens de répression mais maintient sa position dominante car elle est devenue la direction politique qui s'exprime par « une collaboration pure, c'est-à-dire un consentement actif et volontaire (libre) » de ceux qu'elle opprime. Voir également Gramsci, A. (1996) *Cahiers de prison. Cahiers 1, 2, 3, 4, 5*. Paris, Gallimard, 711 p.

[8] Robinson, D. (1997) *Translation and Empire: Postcolonial Theories explained.* Manchester, St Jerome Publishing, p. 36-38.

située hors de l'Humain pour les autres). Il s'agit bien cette fois de « renverser » le Centre et la Périphérie[9], tout comme il convient de repenser la place centrale occupée par l'humain, rejetant jusque-là l'animal dans une périphérie proche (chiens, grands singes…) ou lointaine (tiques et puces…), permettant néanmoins dans tous les cas de justifier la violence épistémologique et physique dont il fait l'objet. Ainsi les théories postcoloniales et les études animales sont toutes deux ancrées dans une rhétorique de lutte, voire de combat, contre toute forme de domination, perçue comme insupportable, voire mortifère.

Mais les théories postcoloniales et animales se rejoignent également à un autre niveau, visant à déconstruire une façon de penser tenue pour occidentale. Le terme de « déconstruction » nous fait en effet immédiatement penser au texte posthume de Jacques Derrida *L'animal que donc je suis* (2006) et dans lequel le philosophe prend soudainement conscience du regard que son chat porte sur lui alors qu'il se trouve dans sa salle de bain… Derrida tente de saisir le point de vue de son chat en train de l'observer, de prendre en compte le point de vue de l'autre par conséquent. De la même façon, les penseurs postcoloniaux et animalistes ou encore de la « posthumanité » tentent de décentrer leur regard. Il s'agit pour eux de défocaliser le regard afin de le refocaliser sur un autre mode, ainsi que le soulignent des expressions comme (*point of view / viewpoint*) fréquemment utilisées par les deux penseurs majeurs des théories postcoloniales et des *Animal Studies,* dont les approches sont du reste étonnamment proches. En effet, Homi Bhabha, théoricien des *Postcolonial Studies* tout comme Donna Haraway, spécialiste des relations homme / animal, ont insisté sur l'importance du « point de vue », ce qui transparaît dans le titre même de l'ouvrage fondateur d'Homi Bhabha *Location of Culture* (1998), proche de la notion de « savoirs situés » développée par Haraway.

---

[9] La « Périphérie » est également désignée par le terme d' « Empire » au sein des études postcoloniales, le centre désignant les anciennes métropoles coloniales (Londres, Paris…).

« *Location of Culture* » et « savoirs situés » comme « conditions de la production culturelle des savoirs sur Soi et sur l'Autre »

Les projections postcoloniales ont, notamment avec les travaux d'Homi Bhabha, développé une focalisation spécifique et novatrice sur des événements coloniaux jusque-là autrement perçus. Elles poussent parallèlement à saisir le monde à travers des concepts qui mettent en avant l'imprécision, voire la fluidité des frontières et des lignes de partage conceptuelles, insistant sur la relativité des points de vue. Le monde ne serait plus à façonner et à modeler à partir d'un regard (pré)déterminé, entendons celui du dominant, mais à partir d'une série de regards qui s'entrecroisent, se mêlent et se démêlent, offrant ainsi une nouvelle perception de l'altérité. Homi Bhabha insiste à plusieurs reprises sur le fait que l' « autre de l'Occident » n'existe que s'il parvient à pénétrer dans le champ de vision de ce dernier[10], et ce n'est qu'à partir de là (métaphore spatiale) que se développent les phénomènes de *mimicry* compris comme l'art de l'imitation et du réajustement permanent de comportements sur celui d'autrui, entendons du colonisé sur celui du colonisateur mais aussi de ce dernier face à son subalterne.

Il s'intéresse ainsi aux liens qui relient les mondes, à leur inévitable influence réciproque et à la fluctuation des frontières devenues définitivement floues où transparaît la nostalgie d'un ailleurs ou d'un extérieur qui pousseront à la création de ce que nous avons choisi d'appeler des « espaces-oxymores » et hétérotopes que Homi Bhabha considère comme des « espaces-tiers » (*Third places*), semblables à un réseau qui relie et entrecroise les points de vue, intégrant l'altérité à des degrés divers pour faire apparaître des entités neuves, hybrides ; rien d'étonnant à ce que le terme d'*hybridity* se trouve au cœur même des théories postcoloniales.

Donna Haraway et Sandra Harding développent quant à elles une idée assez proche à travers le concept de « savoirs situés ». Elles visent à faire émerger une « épistémologie du 'point de vue', de la perspective ou de la position que désigne le terme de *standpoint* développant l'idée que l'objectivité s'accroit dans

[10] Bhabha, H. (1998) *Les lieux de la culture*, *op. cit.*, p. 136.

le positionnement multiple face à l'objet des investigations[11]. La situation dans laquelle est pris le chercheur crée alors une perspective, une capacité de voir différemment. Comment voir ? D'où voir ? Quelles limites a la vision ? Pourquoi voir, avec qui voir ? Qui interprète le champ visuel ? Dans ses travaux, Donna Haraway insiste en effet sur la nécessité de multiplier les points de vue pour déconstruire le plus de normes possibles, notamment celles touchant au féminin / masculin, mais aussi aux frontières entre naturel / artificiel, impliquant la prise en compte de l'émergence du cyborg. L'artificialité humaine pousse alors à l'interrogation quant aux lignes de partage animal / humain. Les concepts d'hybridité (*hybridity)* et de mimétisme (*mimicry*) apparaissent une fois de plus comme fondamentaux. Donna Haraway insiste sur la fugacité, voire la « fluctuance » des images de soi et de l'autre, nécessitant un réajustement perpétuel, au point de se perdre dans un jeu de miroir où se met en œuvre la porosité entre les espèces. Celle-ci amène alors les « naturecultures » humaines et animales, pour reprendre une expression qui lui est chère, à s'intriquer irrémédiablement. C'est cette idée qu'elle développe dans ses ouvrages majeurs *When Species Meet*[12] ou encore *The Companion Species Manifesto. Dogs, People, and Significant Otherness*[13].

Les phénomènes de *mimicry* et d'*hybridity* sont à saisir à travers leur dynamisme, leur « mouvement perpétuel » pourrions-nous dire, et comme le résultat toujours réajusté d'un regard démultiplié, porté sur l'autre et permettant de déhiérarchiser toute forme de relation à l'altérité, que celle-ci soit humaine ou animale. Leur finalité est bien de dégager un autre sens d'une réalité devenue multiple, en « irritant » les contours de la pensée occidentale moderne et, pour reprendre les termes de Marie-Claude Smouts, de « renouveler les conditions de la production culturelle des savoirs sur Soi et sur l'Autre ».

---

[11] Haraway, D. (2007) *Savoirs situés. La question de la science dans le féminisme et le privilège de la perspective partielle*. In : Haraway, D. (ed.) *Manifeste Cyborg et autres essais : Science-Fiction-Féminisme*. Exils, p. 107-142.
[12] Haraway, D. (2007) *When Species Meet*. Minneapolis, University of Minnesota Press, 440 p.
[13] Haraway, D. (2003) *The Companion Species Manifesto. Dogs, People, and Significant Otherness*. Chicago, University of Chicago Press, p. 8 et p. 12

Agency* et *Coagency

Reprenons la seconde partie de la définition proposée par Marie-Claude Smouts précédemment évoquée. La posture postcoloniale « s'intéresse aux conditions de la production culturelle des savoirs sur Soi et sur l'Autre, et à la capacité d'initiative et d'action des opprimés (*agency*) dans un contexte de domination hégémonique »[14].

La question de la capacité d'agir des opprimés (*agency*) reste l'un des termes clés des approches postcoloniales. L'*agency* recoupe bien entendu la capacité de parler, de s'exprimer, d'être entendu pour parvenir à mettre en œuvre l'égalité dans la différence que réclament nombre de penseurs postcoloniaux. Là encore, la façon de repenser le lien à l'autre est proche des développements de Donna Haraway qui propose de concevoir d'une nouvelle façon les relations homme-animal, au-delà des relations sujet-objet. Dans *The Companion Species Manifesto* précédemment cité, elle évoque des « compagnons d'espèces » et propose de considérer les chiens et, au-delà, tout animal domestique, comme des « altérités signifiantes » avec lesquelles l'humain doit entrer en relation[15]. Elle développe également l'idée de la possibilité d'une *coagency* qu'elle comprend comme une possibilité d'action autonome, mais partagée et réciproque. Cette dernière met alors en œuvre des phénomènes de *mimicry*, de réajustement permanent d'un comportement sur celui de l'autre, qu'il s'agisse d'un humain ou d'un animal.

Cette extension de ce que l'on pourrait alors considérer comme une « communauté des égaux » entraîne également la promotion d'« un droit à la différence dans l'égalité », devant déboucher sur une « citoyenneté symbolique »[16]. À quand une Déclaration universelle des droits des animaux au sein d'une nouvelle *Zoopolis* ? N'est-ce pas là également ce qu'appellent de leurs vœux Sue Donaldson et Will Kymlicka dans leur ouvrage *Zoopolis, une théorie politique du droit des animaux*[17] ? Sans revenir sur la question des droits des animaux dont d'autres dé-

---

[14] Smouts, M-C. *Le postcolonial pour quoi faire ?* , *op. cit.*, p. 33.
[15] Haraway, D. *The Companion Species Manifesto, op. cit.*, p. 12.
[16] Bhabha, H. *Les lieux de la culture*, *op. cit.*, p. 16.
[17] Donaldson, S., Kymlicka, W. (2011) *Zoopolis-Une théorie politique du droit des animaux*. Paris, Alma, 400 p.

battent mieux que moi[18], relevons toutefois que la question de la citoyenneté symbolique a déjà été abordée en d'autres temps, par les tenants d'un discours mûri par les Lumières, entendons celui de la Révolution française, qui incarne le discours même de la Modernité ainsi que l'a montré Pierre Serna dans ses ouvrages, notamment dans *L'Animal en République. 1789-1802, Genèse du droit des bêtes* paru en 2016[19].

Ainsi donc, il semblerait bien que la nouveauté soit rare et sans doute nous faut-il réfléchir plus avant lorsque l'on évoque un *Nonhuman turn*[20] – cherchant à dépasser aussi bien l'Humanisme que la Modernité et à affirmer un Posthumanisme, lui-même saisi comme intimement lié à ce que l'on tient le plus souvent pour une postmodernité salvatrice, car ouverte à une véritable « indiscipline scientifique », entendons à de nouvelles configurations et à un nouvel « entissage » des réflexions menées au sein des disciplines, permettant de déconstruire ces dernières afin de mieux les dépasser et, le cas échéant, de les réajuster sur un autre mode.

Ces quelques réflexions m'amènent cependant à questionner plus avant et de façon critique ces nouvelles approches qui partagent le préfixe « post » et qui tendent à s'imposer dans le champ universitaire.

La question de la nouveauté

En tant que germaniste, spécialiste de l'étude des utopies coloniales issues du monde germanophone autour de 1900, j'ai montré dans plusieurs ouvrages et articles que les concepts de *mimicry* et d'hybridité se sont déjà déployés au tournant du XXe siècle, même s'ils étaient autrement abordés et désignés par

---

18 Voir entre autres : Marguénaud, J-P., Burgat, F., Leroy, J. (eds.) (2016) *Le droit animalier*. Paris, PUF, 262 p. ; Marguénaud, J-P., Leroy, J. (eds.) *Code de l'animal*, Paris. LexisNexis, 1058 p.

19 Serna, P. (2016) *L'Animal en République. 1789-1802, Genèse du droit des bêtes*. Toulouse, Anacharsis, 256 p. ; Serna, P. (2017) *Comme des bêtes. Histoire politique de l'animal en révolution (1750-1840)*. Paris, Fayard, 444 p.

20 Grusin, R. (ed.) (2015) *The Nonhuman Turn*. Minneapolis, University of Minnesota Press, 288 p.

d'autres termes[21]. Par ailleurs, bien que largement influencé par les changements et les évolutions que connut l'Europe, l'espace germanophone fut le creuset d'une pensée que l'on peut tenir pour spécifique, du moins pour ce qui relève de ce que nous appelons actuellement les « humanités environnementales »[22]. Ce particularisme se développa à partir de la *Naturphilosophie* goethéenne, puis du romantisme non seulement littéraire, mais aussi politique dans le sillage de l'organicisme tel que le comprenaient Schelling (1775-1854), Schleiermacher (1768-1834), Hegel ou encore Adam Müller (1779-1829)[23]. Tout au long du XIXe siècle, penseurs et savants cherchèrent à retisser sur un autre mode le lien unissant les hommes entre eux, mais aussi à repenser le lien les unissant à l'ensemble du vivant, rejetant, ainsi que le fit Ernst Haeckel (1834-1919) par exemple, à la fois ce qu'il tenait pour un « complexe géocentrique » et un « complexe anthropocentrique », posant *de facto* la « question animale »[24]. Bien entendu, ces travaux connurent d'importantes répercussions dans toute l'Europe. Ne pourrait-on considérer alors que, si finalement, nous n'avons jamais été modernes, selon le titre d'un ouvrage éclairant de Bruno Latour[25], l'espace germanophone l'a sans doute été

[21] Voir notamment : Repussard, C. (2015) *Utopies coloniales autour de 1900. Monde germanophone et Modernité. Collection « Carrefours d'Empire ».* Paris, Le Manuscrit, 419 p. ; Repussard, C. (2016) Imaginaire colonial allemand autour de 1900, creuset d'une « autre modernité ». *Allemagne d'aujourd'hui,* 3(217) : 98-109.

[22] Cluet, M. (ed.) (2006) *L'amour des animaux dans le monde germanique.* Rennes, PUR, 380 p. ; Choné, A., Repussard, C. (eds.) (2015), *Des animaux et des hommes / Von Tieren und Menschen.* In : *Recherches Germaniques*, Hors-Série n°14, Strasbourg.

[24] Ces philosophes confèrent une existence propre, naturelle et organique à l'État, indépendante de ce que l'on tient pour la volonté « arbitraire des individus ». Adam Müller (1779-1829) tenait l'État pour une sorte de « Macroanthropos », organisme universel dont le Tout préfigure les parties et dont l'esprit universel dirige les énergies particulières et les fait collaborer dans une œuvre commune.

[25] Pensons à *La fable des abeilles* (1714) de Mandeville ou encore à l'exploitation socio-politique du darwinisme, communément désignée par l'expression « darwinisme social ». Voir à ce propos Beijin, A. (1987) *Théories socio-politiques de la lutte pour la vie.* In : Ory, P. (dir.) Histoire des idées politiques. Paris, Seuil, p. 406-419.

[25] Latour, B. (1991) *Nous n'avons jamais été modernes*. Paris, La Découverte, 157 p.

moins encore que « nous autres ». Il semble en effet avoir creusé plus profondément « la crise de l'humanisme métaphysique »[26] pour reprendre les termes d'Elisabeth de Fontenay, et ce bien avant que la question animale ne fut au centre des débats. Et lorsque Philippe Descola[27] parmi tant d'autres, revient sur le « Grand Partage » de la modernité (corps / esprit, humain /animal, biologie / social, naturel / artificiel…) pour affirmer que la séparation nature / culture mine l'approche philosophique occidentale, l'on ne peut que poser la question que l'on n'a cessé d'adresser aux théoriciens postcoloniaux : mais de quel Occident parle-t-on ? Ne conviendrait-il pas de faire preuve de davantage de discernement ?

« Zoocentrisme » contre humanisme ?

Force est de reconnaître que pour ce qui est de la relation homme-animal, la biologie est devenue le principe organisateur dominant, impliquant un décentrement de l'humain, un détachement de la métaphysique et des sciences jusque-là centrées sur le propre de l'homme, voire ce que l'on pourrait appeler de façon quelque peu provocante « la nature humaine ». Celle-ci est aujourd'hui noyée dans une forme de « zoocentrisme », hérité du continuisme darwinien, ancré dans l'idée qu'il existerait une différence de degré et non pas de qualité entre l'homme et l'animal. Et c'est aujourd'hui la biologie de l'évolution, la génétique, les neurosciences, la primatologie ou encore l'éthologie qui sont chaque fois convoquées lorsqu'il est question d'un propre de l'homme dont l'existence est remise en doute, l'homme étant désormais considéré comme un animal comme les autres…, ce qui tout de même ne va pas de soi.

En effet, ne serait-il pas nécessaire de prendre en compte une multitude de situations très différentes, extrêmement complexes afin d'éviter des amalgames hâtifs ? Il me semble légitime d'insister sur la nécessité de préciser dans nos analyses de quel

---

[26] de Fontenay, E. (2011) *L'animal humain ?* In : Ravages (3) « Tous des bêtes ». Paris, JBZ et compagnie, p. 13 : « Nous ne sommes plus dans la pensée mécaniste et pavlovienne, mais dans une relation du signe au déchiffrement, commune à l'homme et à l'animal qui contribue à creuser la crise de l'humanisme métaphysique ».

[27] Descola, P. (2005) *Par-delà nature et culture.* Paris, Gallimard, 640 p.

animal il est question. De la tique que tout un chacun essaye d'exterminer et dont Gilles Deleuze essaye de reconstituer le *Umwelt*[28] dans un texte resté fameux ? Des grands singes chers à nombre d'éthologues ? Des chiens qui sont devenus des « espèces compagnes » (*companion species*) ou encore des « animaux-personnes » et dont la proximité tant spatiale que comportementale, voire affective et cognitive, ne fait aucun doute[29] ? En effet, comme l'affirme Émilie Hache dans un article dont le titre reprend une phrase célèbre de Donna Haraway : « If I have a dog, my dog is a human »[30], l'on fait *de facto* société avec les animaux avec lesquels on vit[31] et nous devons apprendre à raconter cette co-histoire, à penser avec eux et avec leur présence. Mais qu'en est-il des autres, de ceux que nous mangeons ? Ne faisons-nous pas preuve d'un manque de discernement entre les espèces ? Si les études animales impliquent la déconstruction d'un mode de pensée, une sortie de nos catégories, la promotion d'un système radicalement autre, un dialogue entre les disciplines, doivent-elles pour autant prendre la forme d'une « croisade postmoderne » à la mode postcoloniale ou dans notre cas *posthumaine* ? Cette nouvelle approche, faiblement heuristique, ainsi qu'en témoigne la fréquente opacité de l'expression de penseurs anglo-saxons, aussi stimulante soit-elle, est-elle finalement bonne à penser ?

Par ailleurs, il apparaît clairement que les études animales, tout comme les *Postcolonial Studies*, sont ancrées dans un certain moralisme qui ne va pas sans rappeler le fameux « Quatre pattes bon, deux pattes mauvais » orwellien de *Animal Farm* (1945), comme si « défendre un propre de l'homme était commettre une faute à l'égard des animaux, une faute morale (…) transformant le continuisme moins en un discours sur l'animal que pour

---

[28] Deleuze, G. (1988) *Abécédaire*. Deleuze emprunte le terme *Umwelt* à l'éthologue Jakob von Uexküll. Le terme lui permet finalement de déduire, non sans ironie, qu'il est autant de mondes différents que d'êtres vivants, car le monde de la tique fait un monde, tout comme il fait celui des autres vivants qui constituent son monde, le monde de la tique étant fait de celui des autres et réciproquement.

[29] Voir par exemple : Alizart, M. (2018) *Chiens*. Paris, PUF, 144 p.

[30] Haraway, D. (2003) *The Companion Species Manifesto, op. cit*, p. 54.

[31] Hache, E. (2012) *If I have a Dog, my Dog is a Human*. In : Penser avec Donna Haraway, *op. cit.*, p. 89-102.

l'animal »[32], ainsi que l'affirme Étienne Bimbenet dans son ouvrage *Complexe des trois singes* (2017). Sa critique ne va pas sans rappeler celle que l'historien Romain Bertrand adresse aux théories postcoloniales. Dans son article *Faire parler les subalternes ou le mythe du dévoilement*[33], ce dernier critique leur absence de réflexivité par rapport à la militance. Les auteurs postcoloniaux se situeraient dans un « entre-deux » à la fois savant et militant, universitaire et politique et participeraient de quelque chose qu'il désigne comme « dévoilement savant » qui persiste « à valider l'idée selon laquelle on doit parler au nom des dominés et leur montrer ce que l'état de domination dans lequel ils sont, leur interdit de voir »[34]. Il est entendu que face à la violence faite aux animaux, entre eux et nous circule désormais une « empathie souffrante », nécessaire si l'on souhaite faire en sorte que l'homme ne soit plus « une maladie mortelle de l'animal », ainsi que l'écrivait fort justement Georgio Agamben[35]. Mais les aspects moraux doivent-ils nécessairement s'accompagner d'un discours « animaliste » impliquant d'abolir la frontière entre « eux » et « nous » ? Car, ainsi que l'écrit encore Étienne Bimbenet dans l'ouvrage précédemment évoqué, « c'est une chose de militer contre l'exploitation et le sort scandaleux fait aux animaux ; c'en est une autre de croire que l'amélioration de leur sort implique d'abolir la frontière entre eux et nous. La différence anthropologique est une donnée qui appartient à la théorie (scientifique et philosophique) et non un mur de la honte que l'on pourrait abattre comme on ouvre une cage »[36].

Sans doute est-il possible de respecter les animaux, et peut-être que le fait de ne pas se raconter d'histoires à leur propos nous permettrait-il de préparer une « communauté des êtres de nature » moins utopique et plus réaliste. Peut-être faudrait-il avoir recours à l'idée d'un « anthropocentrisme élargi », incluant

---

[32] Bimbenet, E. (2017) *Le complexe des trois singes*. Paris, Seuil, p. 17.
[33] Bertrand, R. (2007) *Faire parler les subalternes ou le mythe du dévoilement.* In : Smouts M-C. (ed.), *La situation postcoloniale*, *op. cit.*, p. 276-284.
[34] *Ibid.*, p. 284.
[35] Agamben, G. (2002) *L'aperto. L'uomo e l'animale*. Turin, Bollati Boringhieri. Traduction française de Joël Gayraud : *L'ouvert. De l'homme et de l'animal*. Paris, Rivages, p. 24.
[36] Bimbenet, É. (2017) *Le complexe des trois singes, op. cit.*, p. 38.

ceux que les darwiniens du XIXe siècle tenaient pour des animaux supérieurs ? Ou faut-il renoncer à la notion même d'espèce et de différence entre les espèces ? Cette dernière option nous semble nettement plus productive, même si elle peut paraître excessive et témoigner d'une « philosophie devenue folle », comme l'affirment certains philosophes[37]. Tout comme les théoriciens postcoloniaux évoquaient en matière de *mimicry* une « version autorisée de l'imitation » de la part du colonisateur, maintenir les notions anciennes comme celle de l'anthropocentrisme, même élargi, ne nous semble pas véritablement mener à une reconsidération de la spécificité de l'animal. Il ne s'agit plus en effet d'assigner les êtres à une place bien déterminée dans l'échelle de qualification, mais de développer, de façon bien plus pragmatique, les interactions et les échanges entre eux et nous, permettant non pas de (re)construire l'animal et l'humain, mais de nous construire avec eux, toujours et partout, affirmer sans cesse la connexion de l'humain aux autres créatures vivantes.

Parallèlement, ne serait-il pas fructueux de nous interroger sur les raisons de l'apparition de cette nouvelle sensibilité face à l'animalité et de considérer qu'il y a bien des causes sociales et historiques qui sont à l'origine de cette « nouvelle » façon d'aborder l'animalité qu'elle contribue à diviser en deux catégories : d'une part, la plèbe animale d'élevages toujours plus intensifs et violents, d'autre part l'émergence d'une élite composée d'animaux de compagnie, luxueuse et familiale. En effet, il semblerait que dans les sociétés citadines occidentales, la nouvelle représentation des animaux domestiques s'est en quelque sorte transposée à l'animalité dans son ensemble, rejetant dans l'oubli la diversité des espèces et les « réalités animales » extrêmement dissemblables. Continuer à nous interroger sur nos représentations *a priori*, sur leur ancrage conceptuel (même repensé), reste indispensable, ces questions demeurant la politesse élémentaire du savoir[38].

---

[37] Voir à ce propos Braunstein, J-F. (2018) *La philosophie devenue folle, le genre, l'animal, la mort*. Paris, Grasset, 400 p.

[38] Digard, J-P. (2018) *L'animalisme est un anti-humanisme*. Paris, CNRS Éditions, Paris, 128 p.

Gayatri Spivak avait répondu positivement à la question *Can the Subaltern speak* ?, en ajoutant toutefois « à condition que l'on veuille bien entendre ce que les subalternes ont à dire ». Reposons donc par conséquent notre question : *Can Animal speak* ? Pas tout à fait, pourrions-nous répondre à notre tour à la question posée, bien qu'il soit indéniable que les animaux communiquent entre eux et pour certains, avec les humains. Mais communiquer avec l'autre ne revient pas vraiment à lui parler. Car le langage humain est bien autre chose qu'une simple communication. Il y a déjà quelques décennies, les travaux de John Searle en linguistique pragmatique ont mis l'accent sur la performativité du langage, sur ses aspects illocutoires et perlocutoires[39]. Par ailleurs, le langage humain induit des expressions artistiques les plus abouties, notamment à travers l'expression littéraire ou poétique.

Mais il existe une autre possibilité de répondre à la question de savoir si les animaux peuvent parler qui se situe dans le sillage de la réponse apportée par Gayatri C. Spivak. Celle-ci est proche de celle de Frans de Waal lorsque ce dernier pose la question suivante dans le titre de l'un de ses ouvrages : *Sommes-nous assez intelligents pour comprendre l'intelligence des animaux* ?[40] Il suggère ainsi l'idée d'une intelligence animale supérieure tout en mettant le doigt sur l'incapacité humaine à comprendre le langage des animaux. Le « silence des bêtes » ne serait alors que le reflet de notre volontaire surdité, tout comme les puissances tutélaires, coloniales ou non, avaient choisi de ne pas entendre « la voix des sans voix ». Pour y remédier, il ne s'agit plus alors de savoir si les animaux peuvent ou ne peuvent pas parler, mais d'accepter, dans un certain inconfort épistémologique, de « rester dans le trouble » (*Staying with the trouble*) et d'aller en direction

---

[39] Voir entre autres : Searle, J. (1969) *Speech Acts : An Essay in the Philosophy of Language*. Cambridge, Cambridge University Press, 203 p. ; Searle, J. (2009) *Expression and Meaning : Studies in the Theory of Speech Acts*. Cambridge, Cambridge University Press, 189 p. ; Voir également (entre autres), les ouvrages critiques : Moati, R. (2009) *Derrida / Searle : Déconstruction et langage ordinaire*. Paris, PUF, 153 p. ; Tsohatzidis, S. L. (2007) *John Searle's Philosophy of Language: Force, Meaning and Mind*. Cambridge, Cambridge University Press, 308 p.

[40] de Waal, F. B. M. (2016) *Are We Smart Enough To Know How Smart Animals Are?* New-York, WW Norton & Company, 320 p.

d'un décentrement humain[41] tout en trébuchant par moments[42], afin de nous situer au niveau de l'échange et de la *coagency*. Pour cela, il convient de développer des stratégies liées à un désir de communiquer avec l'animal, dans le cadre d'un échange à même hauteur et de même valeur, dans des zones de contact, permettant, ainsi que l'écrivent Elsa Dorlin et Eva Rodriguez, « de diffracter – plutôt que de réfléchir dans l'image du même – les visions du monde et leurs devenirs possibles »[43]. Cette démarche pourrait alors nous mener vers un monde pensé au-delà des espèces, ou si l'on préfère, un monde commun qui pourrait se fonder sur une interconnexion du vivant saisi à travers sa dynamique propre. Celui-ci serait alors plus riche, plus ouvert, plus joyeux, et l'humain, à l'instar des autres êtres vivants, parviendrait enfin à s'épanouir à travers l'avènement d'une « ménagerie *queer* », pour reprendre l'heureuse expression de Donna Haraway.

---

[41] Voir par exemple Baratay, É. (2012) *Le Point de vue animal. Une autre version de l'histoire*. Paris, Seuil, 400 p. ou encore l'article d'Éric Baratay paru dans le présent ouvrage.

[42] Dans son *Manifeste des espèces de compagnies*, Donna Haraway rappelle l'étymologie du terme « trouble », qui signifie en grec tourner ou trébucher (*tropos*) et déclare raconter des histoires déclaratives par « trébuchements ». *Ibid.*, p. 72.

[43] Dorlin, E., Rodriguez, E. (eds.) *Penser avec Donna Haraway, Introduction, En compagnie de Donna Haraway*. Paris, PUF, p. 17.

Les études littéraires et animales font-elles bon ménage ? Une approche comparée France-Allemagne

Aurélie Choné

Depuis les années 2000, les études animales littéraires répondent à la nécessité de repenser les relations homme-animal dans le domaine des études littéraires, en cherchant à mettre en lumière les constellations complexes au sein desquelles sont négociées ces deux catégories : les animaux ne sont plus considérés uniquement comme des motifs littéraires, mais aussi comme des signes permettant de lire les éléments constitutifs de notre culture. Comment les études animales littéraires sont-elles apparues, mises en œuvre, installées et perçues en France et en Allemagne ? Les études littéraires et les études animales font-elles bon ménage et si oui, pourquoi ? Font-elles « meilleur ménage » en Allemagne ou en France et pour quelles raisons ? Ma contribution propose une étude comparée France / Allemagne de ce champ de recherche relativement récent que sont les études animales littéraires, et partira pour ce faire des différences de contexte historique et culturel entre les deux pays.

Contexte socio-politique

Dans l'imaginaire collectif français, l'Allemagne est souvent associée au respect de la nature, à des villes vertes et propres notamment[1], et par voie de conséquence au respect des animaux

---

[1] On peut penser aux pistes cyclables, à la bonne gestion de l'eau, à l'efficacité du recyclage et à l'efficacité énergétique des bâtiments. *Green et vert. Les villes allemandes sont les plus vertes d'Europe* [en ligne]. http://www.greenetvert.fr/2011/07/05/les-villes-allemandes-sont-les-plus-vertes-deurope/24061 (consulté le 22/03/2019) : « Selon une étude comparative des villes européennes, les grandes métropoles allemandes sont les plus vertes du continent »

– pourrait-on penser (ce qui correspond schématiquement, en France, à la vision du Nord par le Sud, de Strasbourg par les Marseillais par exemple). En fait, ce n'est pas si simple. Si l'on s'en tient à l'exemple des traditions culinaires, celles-ci reposent, en Allemagne, comme en Alsace d'ailleurs, sur un modèle carné fortement enraciné. Choucroute et baeckeoffe sont les grandes spécialités de la gastronomie alsacienne, tandis que *Currywurst*, *Bratwurst* et autres spécialités à base de saucisse et de charcuterie font partie des incontournables culinaires de nos voisins d'outre-Rhin.

De fait, la situation est assez paradoxale en Allemagne, avec la coexistence d'une violence extrême envers les animaux et d'un mouvement animaliste et végétarien[2] historiquement ancien et socialement ancré. En Allemagne, les fermes-usines aux 1 000 vaches et aux 10 000 porcs deviennent la règle depuis quelques décennies. Pour ne citer que l'industrie porcine, l'investisseur hollandais Adrian Straathof a développé ce type d'élevage intensif dans quatre Länder de l'ancienne Allemagne de l'Est, riches en bonne terre et dépourvues d'industries importantes. Les industriels allemands n'ont pas tardé à emboîter le pas avec des installations pour plusieurs milliers de porcs, entièrement automatisées et, trop souvent, sans égard pour les traitements infligés au bétail. En l'espace de deux décennies, l'Allemagne s'est affirmée comme le troisième plus grand producteur de porcs au monde (après la Chine et les États-Unis), en tout cas le tout premier en Europe[3].

Umweltbundesamt, *Nachhaltiges Deutschland Wege zu einer dauerhaft-umweltgerechten Entwicklung*, Berlin, 1997. Choné, A., Hamman, P. (2012) Faut-il rendre la ville invisible ? Retour sur le modèle nordique d'urbanisme durable. *Deshima Revue d'histoire globale des pays du Nord,* n°6 : 11-15.

[2] Linnemann, M., Schorcht, C. (2001) *Vegetarismus – Zur Geschichte und Zukunft einer Lebensweise*. Erlangen, Harald Fischer Verlag, 168 p.

[3] Reporterre. *En Allemagne, pire que la ferme-usine des mille vaches : l'usine aux dix mille porcs !* [en ligne]. https://reporterre.net/En-Allemagne-pire-que-la-ferme. (consulté le 22/03/2019) : « Soixante millions d'animaux découpés chaque année, 645 000 tonnes de produits de charcuterie exportés et des ventes dans le monde, passées de 167 millions de $ en 1993 à 1,57 milliard en 2011. Cette redoutable efficacité trouve sa force, entre autres, dans l'évidente industrialisation de la production, la réduction des coûts et une main d'œuvre

Parallèlement, l'opinion publique allemande est depuis longtemps sensible au sort des animaux, au point que le nombre des végétariens, en progression constante, avoisine actuellement les 10%. Deux livres ont contribué à déclencher le débat autour du végétarisme et du véganisme en Allemagne, le bestseller mondial de l'écrivain américain Jonathan Safran Foer *Eating animals* (2009), traduit en 2010[4], qui plaide contre l'élevage industriel et l'abattage des animaux, et *Anständig essen* de l'auteure allemande Karen Duve, qui fut un bestseller en Allemagne dès sa publication en 2010[5]. Dans ce livre, l'auteure décrit ses différents essais pour se nourrir de manière saine et éthique : après avoir commencé par acheter des produits bio, elle adopte un régime végétarien pendant deux mois, puis devient végan et enfin fructivore ; de ces différentes expériences, elle déduit quelques règles pour une alimentation éthique et saine : si possible faire ses courses dans des magasins bio ; ne pas manger de viande issue des exploitations de masse ; réduire de 90% sa consommation de viande, de poisson et de produits laitiers ; ne pas acheter de produits à base de cuir ; de manière générale consommer et posséder moins, acheter davantage d'occasion. Sa conclusion est donc plus modérée que celle de Foer. De leur côté, les médias allemands enquêtent régulièrement sur la production de masse appliquée à l'élevage (*Massentierhaltung*) ; un reportage récent de l'hebdomadaire *Der Spiegel* sur les « camps de concentration » de l'élevage porcin moderne a récemment mis au jour l'harassante et courte vie des animaux. Des dizaines de milliers de citoyens, alertés par les médias et les associations de protection animale, défilent régulièrement dans les grandes capitales régionales pour protester contre les exploitations de masse.

Le mouvement animaliste et végétarien trouve ses racines en Allemagne dans une tradition ancienne qui accorde à la nature[6],

---

aux salaires horaires, qui peuvent descendre jusqu'à 3 €, merci aux voisins roumains, hongrois, polonais. »

[4] Safran Foer, J. (2010) *Tiere essen*. Köln, Kiepenheuer & Witsch, 399 p.

[5] Duve, K. (2011) *Anständig essen: Ein Selbstversuch*. Berlin, Verlag Galiani, 335 p.

[6] Lekan, T. (2004) *Imagining the Nation in Nature. Landscape Preservation and German Identity, 1885-1945*. Cambridge, Harvard University Press, 342 p.

en particulier à la forêt[7], une place tout à fait essentielle car constitutive de l'identité et de la mythologie germanique. On pense ici au romantisme allemand, à des poètes comme Joseph von Eichendorff par exemple, mais aussi à la *Naturphilosophie*, à la philosophie politique romantique et à la *Naturmystik*. La vague d'indomanie romantique qui déferla en Allemagne autour de 1800 (Schelling, Schlegel, Herder…) contribua à faire connaître les *Upanishad* et le brahmanisme en Occident, ainsi que la notion centrale de *ahimsā* (que l'on peut traduire par non-violence). L'engouement pour le bouddhisme et l'hindouisme suscitèrent un intérêt pour le végétarisme dans les pays germaniques à partir de 1800 environ. Quelques décennies plus tard, le philosophe Arthur Schopenhauer (1788-1860), grand admirateur du Bouddha, développa pour la première fois en Allemagne une éthique animale influencée par le bouddhisme, le brahmanisme et le jaïnisme[8]. Il influença lui-même un grand nombre d'intellectuels germanophones qui devinrent végétariens, comme Albert Schweitzer (1875-1965) et Hermann Hesse (1877-1962). Le mouvement théosophique contribua non seulement à diffuser l'orientalisme mais aussi le végétarisme – l'alimentation étant un élément important de la Lebensreform, mouvement protéiforme très engagé dans la protection animale[9], qui se répandit à travers l'espace germanophone à partir de 1890 environ. L'influence de Rabin-

---

[7] Wilson, J. (2012) *The German Forest: Nature, Identity and the Contestation of a National Symbol, 1871-1914.* Toronto, University of Toronto Press, 344 p.

[8] Nakos, J. (2012) Arthur Schopenhauer et l'évidente affinité de l'homme avec les animaux. *Les Cahiers antispécistes* [en ligne] n°34 (consulté le 22/03/2019). Disponible sur http://www.cahiers-antispecistes.org/arthur-schopenhauer-et-levidente-affinite-de-lhomme-avec-les-animaux.

[9] Krabbe, W. R. (1974) *Gesellschaftsveränderung durch Lebensreform. Strukturmerkmale einer sozialreformerischen Bewegung im Deutschland der Industrialisierungsperiode.* Göttingen, Vandenhoeck & Ruprecht, 181 p. ; Hlade, J.L. (2015) *Auf Kur und Diät mit Wagner, Kapp und Nietzsche: Wasserdoktoren, Vegetarier und das kulturelle Leben im 19. Jahrhundert. Von der Naturheilkunde zur Lebensreform. Ibid.*, 348 p. ; Pailhes, A.M. (2016) Le végétarisme dans l'Allemagne contemporaine et l'héritage de la Lebensreform. In : Repussard, C. (ed.). *De la Lebensreform à l'altermondialisme.* Hors-série *Recherches Germaniques*, Presses Universitaires de Strasbourg, p. 219-229. Voir aussi Cluet, M., Repussard, C. (2013) *La Lebensreform ou la dynamique sociale de l'impuissance politique.* Tübingen, Francke, 372 p.

dranath Tagore (1861-1941)[10] et de Gandhi[11] (1869-1948), qui prônait un végétarisme strict, accéléra cette tendance à partir des années trente.

Parallèlement, les travaux pionniers des biologistes allemands Oskar August Heinroth (1871-1945) et Jakob von Uexküll (1864-1944) révolutionnent l'histoire de l'étude du comportement animal, une génération avant ceux du zoologiste autrichien Konrad Lorenz (1903-1989) et du zoologiste suisse Adolf Portmann (1897-1982). Il est sans doute aussi révélateur que l'intérêt pour la protection de la nature et des animaux ait été particulièrement fort durant la période national-socialiste, avec la promulgation d'importantes lois relatives aux droits des animaux[12]. *Last but not least*, citons l'émergence de l'écologie politique dans les années 1960, avec le développement du mouvement écologiste et pacifiste à partir des années 1970 et la fondation en 1980 d'un des premiers partis écologiques européens, *Die Grünen*[13], engagé dans la cause animale. Joschka Fischer (né en 1958), membre de *Bündnis 90/Die Grünen* (*Alliance 90 / Les Verts*), vice-chancelier et ministre des Affaires étrangères d'Allemagne de 1998 à 2005, a contribué par sa popularité à faire connaître les opinions des Verts allemands à l'étranger, en France notamment.

Par ailleurs, rappelons que l'Allemagne est devenue un pays industriel bien avant la France, avec une plus forte densité de population que la France. Cette industrialisation précoce a suscité très tôt une prise de conscience environnementale face au sentiment aigu d'une nature menacée. C'est moins le cas en France, ou en tout cas plus tardivement me semble-t-il. La France est un pays encore agricole en 1945, aujourd'hui encore dotée de grands

---

[10] Fois-Kaschel, G. (2013) *Rabindranath Tagore: Ein anderer Blick auf die Moderne – Un autre regard sur la modernité*, Tübingen, Francke, 240 p.
[11] Gandhi (2018) *Du végétarisme*. Paris, Rivages, 112 p. Voir aussi Larue, R. (2015) *Le végétarisme et ses ennemis : Vingt-cinq siècles de débats*. Paris, PUF, 372 p.
[12] Bierl, P. (2014) *Grüne Braune. Umwelt-, Tier- und Heimatschutz von rechts*. Unrast Verlag, Münster, 78 p. La protection de la nature et des animaux sous le Troisième Reich commence dès 1933 avec l'uniformisation des organisations de protection de l'environnement, ainsi que la promulgation de lois relatives aux droits des animaux et à la protection de la nature (*Reichsnaturschutzgesetz*).
[13] En 1983, les Verts obtiennent leurs premiers sièges au *Bundestag*.

espaces naturels relativement peu habités, dans le Massif central, les Causses, les Pyrénées, etc. Les thématiques de la protection animale et du véganisme[14] ont été longtemps marginalisées en France, cela ne fait que quelques années que la cause animaliste occupe de plus en plus le devant de la scène médiatique, avec des associations militantes comme L214 par exemple[15]. Comme l'indique le dossier « Qui a peur des végans ? » de *Libération* du jeudi 28 septembre 2017 : « Loin d'être un phénomène de mode, le véganisme est un mouvement social à part entière, avec son identité collective, ses outils de militantisme et ses revendications. »[16] Compte tenu de l'absence d'étude quantitative, il est difficile de quantifier le nombre des végétariens et de végans en France ; quelques études parlent de 3 à 4% de végétariens, ce qui, bien sûr, est très loin des 10% de l'Allemagne.

Contexte culturel, intellectuel et institutionnel

Aux différents facteurs déjà cités, il faut ajouter que la culture allemande (que ce soit en matière de musique, de cinéma, de littérature, etc.) est très marquée par l'influence anglo-saxonne depuis les années 1950-60. Or c'est en Grande-Bretagne qu'ont émergé les *Cultural Studies* dès les années 1960[17], avant d'arriver aux États-Unis dans les années 1970, où elles ont été mises en relation avec la *French Theory,* expression qui désigne aux États-Unis les travaux de philosophes français comme Jacques Derrida, Gilles Deleuze et Michel Foucault – sachant que Derrida, comme

---

[14] Coumau, J. (2017) Faire de son corps un lieu de résistance. *Le Libé des géographes* [en ligne] (consulté le 22/03/2019). Disponible sur https://www.liberation.fr/france/2017/09/27/qui-a-peur-des-vegans_1599380.
« Le véganisme est la mise en application concrète du concept d'antispécisme, qui prône une prise en compte de l'intérêt à vivre pour eux-mêmes des êtres sensibles non humains. C'est pourquoi les végans ne se contentent pas de promouvoir un régime alimentaire sans viande ni poisson. Refusant bien plus largement toute forme d'exploitation animale, ils ont une alimentation exclusivement végétale, refusent de porter des matières animales, comme la laine et le cuir, et boycottent les loisirs impliquant des animaux, comme le cirque et les delphinariums. »

[15] Ribeton, T. (2017) *V comme Végan.* Paris, Nova, 185 p.

[16] *Le Libé des géographes* (2017) [en ligne] (consulté le 22/03/2019). Disponible sur https://www.liberation.fr/france/2017/09/27/qui-a-peur-des-vegans_1599375

[17] Richard Hoggart fonde à Birmingham, en 1964, le *Centre for Contemporary Cultural Studies*, dirigé ensuite par Stuart Hall.

Agamben, a nourri sa réflexion sur les animaux de sa confrontation à la pensée de Heidegger.

Tandis que les *Kulturwissenschaften* se développent en Allemagne à partir des années 1990 sous l'influence anglo-américaine, les études culturelles ne s'installent que difficilement en France dans les années 2000 : « S'il y a bien un péché qui flétrit la réputation des *Cultural Studies*, c'est d'être anglo-américaines, motif suffisant de révocation pour certains. »[18] – affirme le chercheur en philosophie de l'art Christophe Genin, qui suppose que la « résistance française » aux Cultural Studies « n'est due ni à une prétendue exception culturelle ni à une impertinence des études culturelles en général, mais à une conception de l'école républicaine dont l'universalisme est peu compatible avec un relativisme cognitif. »

Institutionnellement, il est effectivement difficile de trouver une place dans l'Université française (si ce n'est, peut-être, dans les Maisons des Sciences de l'Homme, celle d'Alsace par exemple, qui a été créée en 2002 pour promouvoir les projets interdisciplinaires) pour ce type d'approche transversale à la croisée de la sociologie, de l'anthropologie culturelle, de la philosophie, de l'ethnologie, de la littérature, des arts, etc. – un type d'approche qui transgresse quelque peu la culture universitaire en se présentant comme une « anti-discipline » à forte dimension critique. Il en va de même pour deux autres champs de recherche au moins : les *Postcolonial Studies*, qui font leur apparition plus tard dans la recherche littéraire et culturelle en France et en Allemagne, sans doute en partie parce qu'elles remettent en cause l'universalisme français des Lumières ; et l'*Ecocriticism*, approche apparue dans les années 1990 dans le monde anglophone et rapidement introduite en Allemagne, sans qu'il y ait tout d'abord de véritables connexions avec les études animales[19].

---

[18] Genin, C. (2006) Les études culturelles : une résistance française ? *MEI* [en ligne], n°24-25 (consulté le 25/03/2019). Disponible sur http://www.mei-info.com/wp-content/uploads/revue24-25/4MEI-24-25.pdf

[19] Les études littéraires animales sont toutefois incluses dans le champ, « Literatur und Ökologie » dans le volume suivant : Claudia Schmitt / Christiane Solte-Gresser (Hgg.) *Literatur und Ökologie. Neue literatur- und kulturwissenschaftliche Perspektiven*, Bielefeld, Aisthesis Verlag, 2017. Voir à ce sujet Choné, A. (2019) Ecocriticism/écocritique im deutschen und französischen

Les études animales littéraires en France et en Allemagne : des trajectoires différentes

Ces différences culturelles et institutionnelles expliquent que les études animales littéraires se soient développées dans des directions différentes en France et en Allemagne, avec un engagement politique et militant plus ou moins fort. Mon hypothèse est qu'il n'existe pas de retard ou de réticence à l'égard de ce champ de recherche en France, mais plutôt un développement de la réflexion sur des chemins spécifiques, parfois croisés, en tout cas bien distincts en raison de contextes culturels et historiques contrastés et de références différentes.

En Allemagne, les études animales littéraires sont très marquées par les *Cultural Studies*, elles-mêmes nourries de la *French Theory*[20]. Les références principales sont les théories poststructuralistes de Michel Foucault, Gilles Deleuze et Felix Guattari, Jacques Derrida et Giorgio Agamben, ainsi que les théories de l'acteur-réseau de Bruno Latour et Donna Haraway. Il est symptomatique que le réseau de jeunes chercheurs fondé à Würzburg en 2012 autour de Roland Borgards, Professeur de littérature allemande à l'Université de Würzburg jusqu'en 2018 (à Frankfurt am Main depuis 2018), se soit baptisé *Cultural and Literary*

Kontext: eine vergleichende Perspektive. In : Choné, A., Freytag, T., Hamman, P., Zemanek, E. (eds.), *Les humanités environnementales : circulations et renouvellement des savoirs entre France et en Allemagne, Revue d'Allemagne*, 51(2), p. 321-341.

20 Angermuller, J. (2007) Qu'est-ce que le poststructuralisme français ? À propos de la notion de discours d'un pays à l'autre. *Langage et société* 2007/2 (n°120), p. 17-34 : « Aujourd'hui, pour identifier les tendances théoriques qui se sont développées en critique littéraire et en études culturelles depuis les années 70, on substitue souvent au terme de *poststructuralisme*, associé aux lectures déconstructivistes de l'École de Yale (de Man 1979), le terme de *French Theory* (ou *Theory* tout court) dont les figures principales sont Judith Butler (Université de Californie), connue pour sa théorie des identités sexuelles hybrides ; Gayatri Spivak (Université de Columbia) qui est l'une des protagonistes du débat sur le postcolonialisme ; le marxiste et critique littéraire Fredric Jameson (Duke University) ; Stuart Hall (Birmingham), qui a joué un rôle important dans les études culturelles britanniques ; le théoricien des hégémonies politiques Ernesto Laclau (Université d'Essex) ou encore le philosophe lacanien Slavoj Žižek (Ljubljana). Le succès de ces théoriciens, auxquels il faut ajouter d'autres noms (Terry Eagleton, Richard Rorty ou Edward Said…) se fait sur le fond des nombreuses modes et tendances qui se sont développées autour des *Cultural Studies*. »

Animal Studies (CLAS)[21]. Ces recherches tentent de pointer différents types de domination, de prendre conscience des hiérarchies implicites, de relire les textes littéraires à l'aune de concepts comme le « devenir-animal » (Deleuze), la « capacité d'agir » (*agency*, Butler) ou les « collectifs d'humains et de non-humains » (Latour). Le champ de recherche « Literatur und Wissen », qui se consacre à l'étude des interactions entre textes littéraires et savoirs (scientifiques), est également au cœur des *Kulturwissenschaften* en Allemagne[22]. Ainsi Benjamin Bühler, professeur de littérature à l'Université de Constance, a analysé le savoir biologique et anthropologique à l'œuvre dans certains poèmes de Rilke portant sur les animaux[23].

Par ailleurs, les théories postcoloniales[24], féministes[25] et posthumanistes[26], davantage développées dans le monde anglo-saxon, sont progressivement mises en relation avec les études animales également en Allemagne[27]. Le Nouveau Matérialisme,

---

[21] CLAS [en ligne] (consulté le 25/03/2019). Disponible sur https://www.uni-frankfurt.de/73157477/clas : « In den Geistes- und Kulturwissenschaften sind in den letzten Jahren zunehmend Tiere in den Fokus des Interesses gerückt. So konstituieren sich derzeit im Zusammenhang mit den angloamerikanischen Animal Studies und in enger Verbindung zur Wissensgeschichte die Cultural and Literary Animal Studies (CLAS) als interdisziplinäres Forschungsgebiet. Insbesondere poststrukturalistische Theoreme (Michel Foucault, Gilles Deleuze/Felix Guattari, Jacques Derrida, Giorgio Agamben) sowie die Akteur-Netzwerk-Theorie (Bruno Latour, Donna Haraway) sind dabei von entscheidender Bedeutung für die Theoriebildung der CLAS. »

[22] Borgards, R., Neumeyer, H., Pethes, N., Wübben, Y. (2013) *Literatur und Wissen: Ein interdisziplinäres Handbuch.* Stuttgart, Metzler Verlag, 441 p.

[23] Bühler, B. (2004) *Lebende Körper: Biologisches und anthropologisches Wissen bei Rilke, Döblin und Jünger.* Würzburg, Königshausen & Neumann (Studien zur Kulturpoetik), 326 p.

[24] Huggan, G. (2009) *Postcolonial Ecocriticism : Literature, Animals, Environment.* Routledge, 256 p. Armstrong, P. (2002) The Postcolonial Animal. *Society and Animals,* 10 (4) : 413-419.

[25] Mies, M., Shiva, V. (1993) *Ecofeminism.* Melbourne, Fernwood, 328 p.

[26] Grewe-Volpp, C., Zemanek, E. (2016) Mensch – Maschine – Materie – Tier. Entwürfe posthumaner Interaktionen. *PhiN. Philologie im Netz,* 10/2016.

[27] Soulignons le rôle de certains réseaux de chercheurs comme le réseau transatlantique sur les humanités environnementales dirigé par Sabine Wilke (avec le soutien de la Fondation Alexander von Humboldt), d'abord professeur d'études germaniques à l'Université de Mainz, depuis 1989 à l'Université de Washington.

en particulier, suscite un intérêt croissant, en ce qu'il renvoie dos à dos l'anthropocentrisme de l'histoire littéraire classique des genres et des motifs, et le zoocentrisme des *Critical Animal Studies*, les deux approches reposant sur une différence anthropologique nette et des ontologies stables. Le Nouveau Matérialisme cherche à dépasser cette approche binaire en considérant les animaux, les corps physiques de manière générale, non seulement comme des signes, mais aussi comme des acteurs, c'est-à-dire comme des hybrides matériels et sémiotiques, à la fois phénomènes biologiques et résultats de processus discursifs, témoignant de l'intrication complexe entre nature et culture dont Donna Haraway a essayé de rendre compte dans le concept de « natureculture »[28].

En France, la recherche littéraire sur les relations homme-animal est nettement moins influencée par les *Cultural Studies*, ce qui explique pour certains chercheurs l'apparition relativement tardive des études animales littéraires en France. Cette théorie du retard français ne semble pas vraiment convaincante pour plusieurs raisons. D'abord une analyse plus fine de la circulation des savoirs à l'échelle internationale permet de montrer l'importance fondatrice des travaux de philosophes français comme Michel Foucault et Jacques Derrida (pour ne citer que les deux figures de proue du structuralisme français) : leurs idées, notamment sur la notion de discours et ses rapports à la culture et au pouvoir, ont fait l'objet d'une réception importante dans les départements américains de critique littéraire et ont donné lieu à un changement de paradigme fondé sur une critique de la pensée essentialiste et totalisante, le décentrement du sujet et la crise de la représentation ; ce changement de paradigme, qui correspond à ce qui a été appelé « poststructuralisme français » ou *French Theory*, a été repris ensuite par les sciences sociales et culturelles allemandes. D'autre part, dès les années 1970, les études historiques françaises (Braudel, Delumeau, Leroy-Ladurie, Bloch et l'école des Annales, etc.) ont croisé l'histoire avec d'autres disciplines

---

[28] Haraway, D. (2003) *The Companion Species Manifesto*. Chicago, University of Chicago Press, 60 p.

(psychologie, linguistique, philosophie, etc.)[29], ouvrant très tôt la voie aux études culturelles. En ce qui concerne le monde des animaux et les relations homme-animal, il existe en outre une longue tradition métaphysique et littéraire en France, que l'on pense aux virulents débats sur l'homme-machine (La Mettrie) et l'animal-machine (Descartes) au XVIIIe siècle. Des encyclopédistes comme Diderot et D'Alembert[30] avaient dès cette époque des échanges intenses sur ces sujets avec les intellectuels d'outre-Rhin, et Voltaire eut avec Loen une correspondance animée qui aborda la question de l'âme des animaux et la frontière séparant l'homme de l'animal[31].

En France, les études animales littéraires se développent dans des directions spécifiques, qu'il n'est possible ici que d'esquisser. L'une d'elles, assez peu développée en Allemagne, passe par l'exploration de l'imaginaire. Je pense en particulier aux travaux « psychanalytiques », philosophiques et littéraires de Gaston Bachelard et à son *Lautréamont*, qui paraît en 1938, date de la publication en français de *La Métamorphose* de Kafka[32], que Bachelard lit aussitôt et qu'il confronte aux *Chants de Maldoror* pour déterminer ce qu'il appelle « le complexe de Lautréamont », à savoir « une énergie contrariée par des pressions sociales qui

---

[29] Le Goff, J., Nora, P. (1974) *Faire de l'histoire. Nouveaux problèmes, nouvelles approches, nouveaux objets, tome I : Nouveaux problèmes*. Paris, Gallimard, Collection Bibliothèque des Histoires, 248 p.

[30] L'animal des Lumières (2010) *Dix-huitième siècle*, n°42. La découverte, ISSN 0070-6760

[31] Julliard, C. (2017) Loen et Voltaire : une controverse métaphysique. *Recherches germaniques*, n°47 : 5-22 : Voltaire estimait que la différence entre l'homme et l'animal était de nature physiologique, et non métaphysique ; les animaux ne différeraient de l'homme que par degrés, que par une inégale perfection des organes : « J'aperçois en eux plus de rapport cent fois, que je n'en trouve entre tel homme d'esprit et tel homme imbécile ». L'homme serait un animal parmi d'autres, mais doué de raison, seul signe distinctif de son humanité. Voltaire s'en prend donc à la théorie cartésienne des animaux-machines selon laquelle les animaux, privés d'âme, tels des automates, ne pensent ni ne sentent.

[32] Kafka, F. (1938) *La Métamorphose* (traduction de Alexandre Vialatte). Paris, Gallimard, 192 p.

tourne à l'agressivité et se cherche une traduction adéquate dans un symbolisme animal. »[33]

Une autre orientation se dégage à partir des années 1960, au moment où un groupe d'intellectuels français, majoritairement issus de l'École Normale Supérieure, s'intéresse au poète allemand Friedrich Hölderlin et s'emploie à traduire ses œuvres. Cette réception de Hölderlin au XXe siècle passe en partie par Heidegger : le philosophe François Fédier (né en 1935) traduit plusieurs poèmes et textes importants de Hölderlin et de Heidegger en relation avec Hölderlin[34], ainsi que l'ouvrage de Beda Allemann, *Hölderlin et Heidegger. Recherche de la relation entre poésie et pensée*, paru en 1954 à Zurich et Fribourg en Brisgau[35]. La réception française de Hölderlin diffère de la réception allemande en ce qu'elle est plus influencée par la lecture heidegerienne de Hölderlin, lequel invite l'homme à habiter la terre en poète[36]. Elle met donc l'accent sur l'idée de *oikos*, centrale dans ce qui deviendra plus tard l'écopoétique et qui englobe le lieu, le milieu, le paysage et la conscience du paysage et de l'animal qui y habite, avec ses modes d'être et d'habiter le monde[37].

---

33 Mansuy, M. (1965) Bachelard et Lautréamont, I : La psychanalyse de la bête humaine. *Études françaises,* 1 (1) : 26-51.

34 Heidegger, M. (1962) Comme au jour de fête / Terre et ciel de Hölderlin / Le poème. In : *Approche de Hölderlin*, Gallimard, Paris.

35 Allemann, B. (1959) *Hölderlin et Heidegger : recherche de la relation entre poésie et pensée* (traduction de François Bédier). PUF, Paris, 290 p.

36 Cette réception française de Hölderlin est en outre très importante en ce qu'elle permet de dépasser la « suspicion spécifique de la philosophie française institutionnelle de la première moitié du siècle à l'égard de la littérature », et de « concilier une position universitaire avec des intérêts poétiques ». Cf. Kalinowski, I. (2001) La littérature dans le champ philosophique français de la première moitié du XXe siècle. *Methodos*, vol. 1.

37 À ce propos Catherine Coquio, Professeur en littérature comparée, s'interroge : « Pourquoi le mantra de Hölderlin (« En poète, l'homme habite sur cette terre »), devenu un poncif à côté d'une phrase-sœur plus fameuse encore « Et pourquoi des poètes en temps de détresse ? », devient-elle le porte-drapeau d'une proposition éthique qui rêve à nouveau de réunir l'art et la vie, la politique et la poésie, la contemplation et l'action, pour transformer la Terre en un lieu habitable. » Cf. Atelier « Habiter poétiquement le monde : réflexions sur un titre », lors de la journée d'étude « Habiter les lieux » du collectif universitaire créé en novembre 2017 Zone Zadir (juillet 2018, Le Tertre).

Cela explique qu'en France, les études littéraires sur l'animal aient été reliées à la question environnementale dès les années 1990-2000, notamment à l'écopoétique, bien davantage qu'à l'*Ecocriticism*, courant influencé par des auteurs américains comme Thoreau, Emerson, etc. et axé sur un corpus de textes apparentés au *nature writing* et thématisant la notion de *wilderness*. En France, les références sont plus françaises qu'anglo-saxonnes, avec des philosophes qui se meuvent à la frontière de la pensée et de la poésie, comme Gaston Bachelard ou Jean-Christophe Bailly, et qui sont eux-mêmes marqués par la pensée (Kant, Schopenhauer, Heidegger…), la littérature (Raabe, Kafka…) et la poésie allemandes (Novalis, Hölderlin, Hofmannsthal, Rilke…)[38].

Dans les années 2010, le programme de recherche « Animots », dirigé par Anne Simon et subventionné par l'Agence Nationale pour la Recherche entre 2010 et 2014, a permis l'émergence de la zoopoétique, dont l'objectif « est de mettre en valeur la pluralité des moyens stylistiques, linguistiques, narratifs, rythmiques et thématiques que les écrivains mettent en jeu pour restituer la diversité des comportements, des affects et des mondes animaux, tout comme la richesse des interactions entre bêtes et humains »[39]. Puis les approches portant sur les relations entre « littérature et spatialité » se sont intéressées à l'animal, d'un point de vue géocritique ou géopoétique. Citons par exemple la lecture géocritique que fait Bertrand Westphal de la nouvelle de Kafka *Der Bau* (*Le Terrier*), article traduit en allemand en 2013[40].

Enfin, l'épistémocritique, champ de recherche qui étudie les relations entre la littérature et les savoirs[41], s'est intéressée aux

---

[38] Voir à ce sujet Simon, A. (2015) *Animality and French Literary Studies. Overview and Perspectives.* In : Mackenzie, L., Posthumus, S. (eds.) French Thinking about Animals. East Lansing, Michigan State University Press, p. 75-90.

[39] Zoopoétique. In : Animots – Carnet de zoopoétique [en ligne], (consulté le 26/03/2019). Disponible sur https://animots.hypotheses.org/zoopoetique.

[40] Westphal, B. (2013). Exemplarische Zugänge zu *Kafkas* Erzählung „Der *Bau*". In : Müller, D., Weber, J. (eds.) *Die Räume der Literatur*. Berlin, De Gruyter. (Bertrand Westphal, Université de Limoges : Pour une 'taupologie' de la frontière. Le Terrier de Kafka)

[41] Voir le site : http://epistemocritique.org (consulté le 27/06/2018).

savoirs sur l'animal mis en œuvre dans les textes littéraires, qu'il s'agisse de savoirs issus des sciences humaines (histoire, éthique, philosophie, anthropologie…) ou des sciences du vivant (biologie, zoologie, mammalogie…). Prenons l'exemple des travaux de Virginie Muxart sur les représentations de la genette commune dans la littérature, les arts, l'histoire culturelle et l'histoire des représentations, ainsi que les sciences naturelles, principalement la biologie et la zoologie[42]. Sa méthode consiste à faire interagir les savoirs sur un objet d'étude difficilement identifiable, sans pour autant délaisser le fait littéraire. Ses questionnements épistémologiques dépassent largement le cas de la genette et peuvent être transposés à l'étude de la représentation culturelle et littéraire de tout autre animal sauvage. Ce type d'approche comporte une forte dimension éthique puisqu'une meilleure connaissance de certaines espèces d'animaux sauvages, grâce à la collaboration étroite entre littérature comparée, sciences humaines et sociales et sciences naturelles, contribue à une meilleure conservation de ces espèces.

L'épistémocritique s'intéresse également au savoir proprement littéraire sur l'animal produit par la littérature elle-même, un savoir vivant auquel font appel bon nombre de philosophes, d'historiens et même de biologistes. Les philosophes français Gilles Deleuze[43] et Jean-Christophe Bailly[44] se réfèrent par exemple au roman de Karl-Philipp Moritz *Anton Reiser* (1790).

---

[42] Muxart, V. (2017) *Savoirs, représentations de la genette (Genetta genetta) dans le bassin méditerranéen de la préhistoire à nos jours. Histoire d'une belle inconnue*, thèse de doctorat en littérature comparée et en histoire, Paris, Université Paris 13.

[43] Deleuze, G. (1981) *Francis Bacon. Logique de la sensation.* La Roche-sur-Yon, Éditions de la Différence, p. 21. Deleuze cite Anton Reiser : « Parfois il s'oubliait tellement dans la contemplation soutenue de la bête (il s'agit d'un veau) qu'il croyait réellement avoir un instant ressenti l'espèce d'existence d'un tel être… bref, savoir si parmi les hommes il était un chien ou un autre animal avait déjà occupé souvent ses pensées depuis son enfance ». Et Deleuze de commenter : « Ce n'est pas un arrangement de l'homme et de la bête, ce n'est pas une ressemblance, c'est une identité de fond, c'est une zone d'indiscernabilité plus profonde que toute identification sentimentale : l'homme qui souffre est une bête, la bête qui souffre est un homme. C'est la réalité du devenir ».

[44] Bailly, J. C. (2007) *Le versant animal.* Paris, Bayard, p. 51: Bailly emprunte la notion « espèce d'existence » au roman *Anton Reiser*.

Et Corine Pelluchon, spécialiste de philosophe politique, renvoie à plusieurs reprises au célèbre poème de Rainer Maria Rilke « Der Panther » à propos des notions de vulnérabilité, de sentience et d'intériorité. Si certains philosophes aiment à « philosopher avec la littérature », en essayent de dégager de leurs lectures littéraires « une incitation à faire de la philosophie autrement »[45], c'est peut-être que la littérature peut se permettre de dire des choses que les philosophes, tenus au discours rationnel, ne peuvent pas dire.

Études littéraires et études animales : les raisons d'un mariage réussi

Quelles que soient les directions dans lesquelles se sont développées les études animales littéraires en France et en Allemagne, il n'en reste pas moins qu'en France comme en Allemagne, et de manière générale, les études animales et les études littéraires font bon ménage, et même très bon ménage, et ce pour plusieurs raisons.

D'abord la littérature est indissociable d'une expérience de l'altérité. Elle est le lieu même du contact avec l'*altérité*[46], en nous et en dehors de nous. Or l'altérité animale est pour l'homme l'une des premières altérités qui se présentent à lui, une altérité « infiniment nécessaire à son équilibre »[47], comme le souligne Jean-Christophe Bailly. La métaphore animale semble constitutive de l'existence et de l'écriture de Kafka ; en tant qu'écrivain, l'auteur de *Die Verwandlung*, *Bericht für eine Akademie* ou *Der*

---

[45] Macherey, P. (2013) *Philosopher avec la littérature. Exercices de philosophie littéraire.* Paris, Hermann, coll. « Fictions pensantes », 394 p.

[46] Lecercle, J.J., Shusterman, R. (2002) *L'Emprise des signes*. Paris, Seuil, 272 p. Honold, A. (1997) *Das Fremde verstehen – das Verstehen verfremden : Ethnographie als Herausforderung für Literatur- und Kulturwissenschaft*, Trans N°1, Internet-Zeitschrift für Kulturwissenschaften [en ligne] (consulté le 26/03/2019). Disponible sur http://www.inst.at/trans/1Nr/honold.htm

[47] Selon Jean-Christophe Bailly la question animale nécessite aujourd'hui « d'envisager les animaux dans leur ensemble, les animaux sauvages (mais ils l'ont tous été), non seulement comme des survivants mais comme des témoins, comme les preuves faites à l'homme, et infiniment nécessaires à son équilibre, à son intelligence, d'une altérité effective et quotidiennement effectuée. ». Bailly, J.C. (2013) *Le parti pris des animaux*. Paris, Christian Bourgeois Éditeur, 133 p.

Bau est en effet « un homme expérimental (qui cesse ainsi d'être homme pour devenir singe, ou coléoptère, ou chien, ou souris, devenir-animal, devenir-inhumain, car en vérité c'est par la voix, c'est par le son, c'est par un style qu'on devient animal, et sûrement à force de sobriété). »[48] Le désir de devenir animal n'est pas seulement métaphorique chez l'auteure allemande Silke Scheuermann (née en 1973), qui cherche dans ses poèmes à réaliser le « rêve d'avoir le corps d'un autre »[49] ; pour elle la métamorphose (en grenouille par exemple, « Ich bin die Kröte » dans le cycle *Tierträume*) est inhérente à l'acte poétique lui-même : « Dichter sollten Lust haben auf die Erfahrung, ein 'anderer von innen her' zu sein. »[50]

Jean-Christophe Bailly pointe l'impossibilité d'un tel projet : « Essayer d'être (de suivre) chaque animal, d'aller se lover dans l'ailleurs d'où leur forme nous parvient, c'est-à-dire par exemple être très lourd, ou très léger, voler peut-être, dans la surprise de l'immensité de l'espace, dans l'éphémère : on ne le pourra pas. C'est une pensée, juste une pensée, une évasion hors de l'étroitesse spirituelle. »[51] Mais Bailly souligne aussi qu'il est possible de s'ouvrir à cette pensée grâce à une écoute et une attention extrêmes. La littérature incarne justement l'attention à ce qui fait l'autre dans sa différence ; elle est une « écologie de l'attention »[52] : attention à un mode de vie, une démarche, une manière d'être, une forme de vie, un phrasé – ce qui la rend particulièrement apte à mettre au jour des « styles animaux »[53], des pistes[54] et des formes animales : « Voler, nager, marcher, sauter ou sautiller, courir, fouailler, ruminer, boire, ramper, crier, feu-

---

[48] Deleuze, G., Guattari, F. (1975) *Pour une littérature mineure*. Paris, Éditions de minuit, p. 15.

[49] Scheuermann, S. (2015) *Und ich fragte den Vogel, Lyrische Momente*. Frankfurt am Main, Schöffling & Co, p. 26.

[50] *Ibid.*, p. 29.

[51] Bailly, J. C. (2011) La forme animale. *Le PortiQue* [En ligne] (consulté le 17/06/2018). Disponible sur http://journals.openedition.org/leportique/2426.

[52] Citton, Y. (2014) *Pour une écologie de l'attention*. Paris, Le Seuil, 320 p.

[53] Macé, M. (2011) Styles animaux. In : *L'esprit créateur, Facing animals / Face aux bêtes*, vol. 51, n°4, p. 101 : « La littérature incarne ici, en tant que telle, un goût puissant et actif pour les 'formes de vie'. C'est un style de styles, une forme-de-vie qui consiste à voir et penser d'autres formes de vie. »

[54] Bailly, J. C. (2007) *Le Versant animal*. Paris, Bayard, 148 p.

ler : les verbes qui sont en propre ceux du règne animal désignent des mouvements ou des actions : à travers eux on peut déjà voir les formes, un phrasé infini de formes naître et se déployer. »[55]

La littérature permet également de faire parler un animal singulier, de lui redonner une individualité, de retranscrire ses émotions, des émotions qui sont souvent évacuées des approches scientifiques. La biographie animale, actuellement pratiquée par l'historien Éric Baratay, est au départ un genre littéraire. Par les savoirs qu'ils véhiculent sur leur époque et par le point de vue animal qu'ils adoptent, certains textes littéraires permettent de reconstituer une parcelle d'existence d'un animal particulier et de comprendre son ressenti ; ils peuvent donc constituer des sources pour l'historien, qui les étudie ensuite au prisme de l'éthologie[56]. Selon le philosophe Dominique Lestel : « Ce que perçoit chaque espèce est, pour elle, aussi vrai que ce que perçoit l'être humain. C'est grâce à l'imagination et à l'empathie que l'homme peut se représenter la réalité vécue de l'animal. »[57] Et justement, empathie et imagination sont centrales dans la littérature, entraînant inévitablement un certain anthropomorphisme, lequel peut toutefois se révéler utile s'il est manipulé avec précaution[58].

Enfin, la littérature est liée à une expérience morale transformatrice, qui permet de combler le fossé entre savoir théorique, académique, et expérience pratique, éventuellement militante. Elle induit de différentes façons un changement des mentalités et des comportements, en suscitant un choc[59], ou au moins une ré-

---

[55] Bailly, J. C. (2011) La forme animale. *Le PortiQue* [En ligne] (consulté le 17/06/2018).

[56] Baratay, É. (2017) *Biographies animales. Des vies retrouvées*. Paris, Le Seuil, 304 p.

[57] Lestel, D. (2010) *L'animal est l'avenir de l'homme*. Paris, Fayard, 192 p. Cité par Ricard, M. (2014) *Plaidoyer pour les animaux, Vers une bienveillance pour tous*. Paris, Allary, p. 22.

[58] Sur un anthropomorphisme méthodologique et critique, voir Joulian, F. (2012) Comparer l'incomparable : des vertus et des limites de la comparaison hommes/primates. In : Remaud, O., Schaub, J-F., Thireau, I. (eds.) *Faire des sciences sociales. Comparer*. Paris, EHESS, 317 p.

[59] Concernant les exploitations de masse, voir par exemple Sorente, I. (2013) *180 jours*. Paris, J-C. Lattès, 450 p.

flexion[60], en exprimant par les mots la souffrance animale et en suscitant des questions comme : pourquoi l'être humain s'arroge-t-il le droit de dominer les animaux, de les maltraiter, les enfermer, etc. ? Les images brutes regorgent, sur YouTube par exemple, et elles sont quasiment insoutenables. Sans passer par cette violence visuelle, un texte littéraire peut susciter tout aussi profondément une prise de conscience en pointant le caractère inacceptable de certaines situations, en permettant au lecteur de décentrer son regard, de sortir de son anthropocentrisme ordinaire et d'éprouver dans sa chair que la violence faite aux animaux équivaut à une violence sur lui-même et sur l'humanité.

Sans forcément parler de violence envers les animaux, la littérature permet de percevoir et restituer des manières d'être, des « styles » au sens de Marielle Macé ; sa force « réside dans la façon dont elle relance vers nous, dans sa propre tâche expressive, la différenciation des expressions du vivant, témoignant ainsi du souci qu'il faut avoir d'une stylistique de l'existence et, surtout, prenant en charge ce souci. Il y a là toute une morale, en acte, des formes qui font la vie. »[61] L'art littéraire et l'animal ont la vie en partage : l'un par l'effet de vie[62] qu'il produit, l'autre par la vie qui l'anime (animal vient du grec ζάω, vivre). Ils partagent également une expressivité fondamentale, à travers une multitude de formes, d'allures, de styles. Ces affinités justifient pleinement le mariage entre « zoo » et « poétique »[63].

---

[60] Sur nos comportements alimentaires, voir par exemple Duve, K. (2011) *Anständig essen*. Galiani, Verlag, 335 p. et sur les frontières entre humains et non-humains voir par exemple Dath, D. (2010). *Die Abschaffung der Arten*. Surhkamp Verlag, 552 p.

[61] Macé, M. (2011) Styles animaux. In : *L'Esprit Créateur*, 51 (4) : 97-105.

[62] Münch, M. M. (2004) *L'effet de vie ou le singulier de l'art littéraire*. Paris, Honoré Champion, 400 p.

[63] Simon, A. (2017) La zoopoétique, une pensée de l'Arche. Intervention lors du colloque « Les études animales sont-elles bonnes à penser » : https://sites.google.com/site/droitetethiquedelanimal/ue-debats-ethique-animale/colloque-interdisciplinaire-et-international-les-etudes-animales-sont-elles-bonnes-a-penser/anne-simon---la-zoopoetique (consulté le 27/06/2018) : « la zoopoétique étudie les multiples façons, qu'elles soient instituantes, descriptives, élogieuses, déplorantes ou fantasques, qu'ont les écrivains d'évoquer la plasticité des modes d'être et d'agir des bêtes. Si cette approche est possible, c'est que ces 'animés' développent originairement une poétique existentielle dont témoigne la multiplicité de leurs allures, de leurs expres-

Malgré le positionnement différent de la France et de l'Allemagne par rapport aux *studies*, notamment aux *cultural studies*, et plus spécifiquement aux *animal studies*, malgré une orientation plus littéraire, philosophique et esthétique des études littéraires sur l'animal en France, plus comportementaliste et axée sur les *Kulturwissenschaften* en Allemagne, le message éthique et politique de la littérature reste le même, aussi bien en France qu'en Allemagne.

**Études animales et littéraires :
une intense circulation des savoirs entre France et Allemagne**

La réflexion sur les interactions entre homme et animal dans la littérature témoigne d'une riche histoire croisée entre les deux pays, d'un dialogue productif, de connexions constantes et d'une intense circulation des savoirs entre espaces francophone et germanophone d'une part, entre littérature et savoirs, esthétique et zoologie, sciences humaines et sciences du vivant, d'autre part. Ces échanges tournent autour d'un certain nombre d'axes et de notions majeurs, qu'il faudrait bien sûr différencier pour affiner l'analyse. J'en dégagerai deux principaux pour finir : le premier tourne autour de la notion de « Form » ou « Gestalt », et le second autour de la notion de « Welt », de monde.

L'idée goethéenne de métamorphose, les *Kunstformen der Natur* de Haeckel[64] et la forme animale de Portmann pourraient constituer un premier axe, autour de la plasticité des savoirs du vivant et de leur puissance modélisante, qui expliquent leur diffusion dans le champ des sciences humaines, de la littérature et des arts[65]. Ainsi, le concept de « forme animale » exposé par le zoologue suisse Adolf Portmann (1897-1982) dans les années

sions et de leurs formes. Les textes conduisent tantôt vers des rencontres, des partages d'affects ou des parasitages charnels, tantôt vers une esquive effarée ou la plongée dans un mystère insondable. »

[64] Haeckel, E. (1904) *Kunstformen der Natur*. Leipzig/Wien, Olaf Breidbach. Voir Hufnagel, H., Jäger, F., Wanlin, N. (eds.) (2018) Ernst Haeckel entre science et esthétique. *Arts et Savoirs* [en ligne], vol. 9. (consulté le 26/03/2019). Disponible sur http://journals.openedition.org/aes/1086

[65] Dahan-Gaida, L., Maillard, C., Séginger, G., Talairach, L. (eds.) (2017) *Penser le vivant*. Paris, Maison des sciences de l'homme, 408 p.

1950[66], a inspiré le philosophe français Merleau-Ponty, le philosophe et traducteur Jacques Dewitte, l'essayiste et écrivain Jean-Christophe Bailly, ou encore Marielle Macé et Bertrand Prévost[67], pour penser la capacité d'expression des animaux, leur expressivité fondamentale. La morphologie goethéenne implique quant à elle une attention soutenue aux formes animales, à leurs métamorphoses ; de Kafka à Scheuermann, la littérature donne forme et corps à cette approche phénoménologique, à travers le désir (ou la nécessité) de changer soi-même de forme et de prendre un corps animal.

Les notions de « monde » et de « milieu », pauvre ou riche, ouvert ou fermé, humain ou plus qu'humain (« more-than-human world »), etc. pourrait constituer un second axe. Le concept de *Umwelt*, forgé par l'un des pionniers de l'éthologie en Allemagne, Jakob von Uexküll, dans *Umwelt und Innenwelt der Tiere* (1909), paru en français en 1933 sous le titre *Milieu animal et milieu humain* (1933)[68], a joué un grand rôle en mettant l'accent sur les manières dont les animaux habitent le monde. Il a influencé de nombreux philosophes et poètes français comme Georges Canguilhem, Gilles Deleuze, Jacques Lacan, Michel Deguy, et plus récemment, Marielle Macé, qui s'en est inspirée pour concevoir une pensée du style[69]. La notion de *Umwelt* résonne aussi avec le concept heideggerien de *Weltarmut* qui a donné lieu à de grands débats. Le philosophe Jacques Derrida s'est confronté aux travaux de Heidegger et Husserl sur l'animal pour dégager l'impossibilité de penser autant le propre de l'homme que le tout autre qu'est l'animal ; sa pensée déconstructiviste deviendra l'une des principales sources théoriques des *Cultural and Literary Animal Studies* en Allemagne. La notion

---

66 Portmann, A. (1961) *La Forme animale*. Paris, Payot, 229 p. Réédité aux éditions La Bibliothèque, coll. « L'ombre animale », préface de Jacques Dewitte, traduction française de G. Rémy, Paris, 2013.

67 Prévost, B. (2009) L'élégance animale. Esthétique et zoologie selon Adolf Portmann. *Images Re-vues* [En ligne], vol. 6 (consulté le 24/10/2017). Disponible sur http://imagesrevues.revues.org/379.

68 Von Uexküll, J. (1909) *Umwelt und Innenwelt der Tiere*. Berlin, J. Springer. *Mondes animaux et monde humain* suivi de *La théorie de la signification*, 1934 ; traduction française éd. Denoël, 1965, éd. Pocket, coll. Agora, 2004. - Réédition sous le titre *Milieu animal et milieu humain*, Rivages, 2010.

69 Macé, M. (2011) *Façons de lire, manières d'être*, Paris, Gallimard, 304 p.

de *(Um)welt* renvoie aussi à celle d'« ouvert », *das Offene*, qui vient d'abord de la Huitième Élégie de Duino de Rilke, et qui a inspiré Heidegger, Agamben et Deguy. Enfin, cette notion entre en résonance avec les textes de Kafka et les concepts deleuziens de « territorialisation » / « déterritorialisation » et « devenir-animal » – sachant que des nouvelles de Kafka comme *Die Metamorphose* ont inspiré à Deleuze et Guattari la notion de « devenir-animal », laquelle a fait l'objet d'une forte réception aux États-Unis dans ce qui fut appelé *French Theory*, pour revenir ensuite en Allemagne au sein des *Cultural and Literary Animal Studies*. La notion de « monde » a été retravaillée en lien avec celle de « devenir » dans le courant féministe du Nouveau matérialisme, notamment par Donna Haraway (inspirée entre autres par Bruno Latour et Isabelle Stengers), dans le sens de « pratiques matérielles-sémiotiques faisant-monde »[70], le mot à la mode (dans le féminisme spéculatif) de « worlding » exprimant l'idée de performativité en jeu dans les processus de « becoming-with-context », « situated knowledges » et « speculative alter-worlding », qui connaissent un certain succès aujourd'hui en Allemagne[71].

Ces quelques exemples (parmi beaucoup d'autres) de circulation des savoirs entre France et Allemagne, parfois médiatisés par les États-Unis, montrent à quel point les échanges intellectuels franco-allemands, décuplés par les traductions, peuvent être féconds dans le domaine des études animales littéraires.

---

[70] Asberg, C., Thiele, K., Van der Tuin, I. (2015) Speculative before the Turn. Reintroducing Feminist Materialist Performativity. *Cultural Studies Review*, vol. 21 (2), p. 165 : « material-semiotic world-making practices ».

[71] Les nouveaux matérialismes ont donné lieu à de nombreux colloques, conférences et séminaires en Allemagne ces dernières années, par exemple le séminaire de Bettina Bock von Wülfingen « *New Materialism* im Wandel : post-2000 rücken wir dem Körper wieder zu Leibe » (Institut für Kulturwissenschaften, Humboldt-Universität, 2017-2018) ou le cycle de conférences « Materialität revisited » (Cornelia Goethe Colloquien, 2015-2016). Disponible sur http://www.fb03.uni-frankfurt.de/58473772/Booklet_Vorlage_2015-16_e4_final_druck.pdf).

Chapitre VII

Ce que les *Animal Studies* font à la sociologie (et réciproquement)

Jérôme Michalon

Introduction

Je vais évoquer dans ce texte les rapports que la discipline sociologique entretient avec l'objet « animal » d'une part, et avec les *Animal Studies*, d'autre part. Il s'agira de proposer une analyse s'appuyant sur des textes à vocation programmatique, dans lesquels les auteurs proposent un certain nombre de constats concernant la place occupée par l'objet « animal » en sociologie. Il s'agit bien souvent, donc, d'analyses de seconde main, faites d'impressions, de spéculations, de considérations normatives et épistémologiques, que je vais à mon tour analyser. La posture que j'essaie d'adopter est celle d'un sociologue travaillant depuis plusieurs années sur les relations humains-animaux, ayant dû pour cela consulter les nombreuses propositions épistémologiques sur le sujet, et souhaitant par ailleurs, aborder les rapports entre ma discipline et la question animale en tant que sociologue des sciences. Parce qu'un sociologue ne devrait pas cesser de l'être quand il est question de sa discipline, je prends donc ces rapports comme un objet à part entière, dans une tension entre ma position indigène et une volonté d'extériorité. C'est la question de la séparation ou de l'hybridation entre science et politique, entre épistémique et normatif, qui m'intéressera tout particulièrement ici, bien conscient que les *Animal Studies*, isolément ou dans leurs rapports avec la sociologie, ne se développent pas « dans l'absolu », répondant à une nécessité épistémologique, un simple « besoin de savoir. » Dans d'autres travaux, j'essaie précisément d'aborder les *Animal Studies* comme un phénomène social, émergeant dans le sillage des mobilisations pro-animaux et plus largement dans celui des évolutions récentes de nos rapports aux animaux. C'est donc avec cet arrière-plan qu'il faudra lire les lignes qui suivent.

La sociologie et l'objet « animal »

Parler des rapports entre la sociologie et les *Animal Studies* impose de faire un détour par les différentes articulations entre la discipline sociologique et l'objet « animal ». Avec Antoine Doré et Chloé Mondémé[1], nous avons entrepris de modéliser ces articulations, dans le but de clarifier certains malentendus largement diffusés dans le monde académique. Chez nombre de nos collègues des sciences humaines et sociales, il est fréquent de penser que l'association entre « sociologie » et « animaux » ne va pas de soi, qu'elle relève d'une sorte de distorsion du périmètre initial de la discipline. Deux implicites sont alors à l'œuvre. Le premier concerne précisément cette définition du périmètre : la sociologie serait, depuis ses origines, l'étude des relations des êtres humains entre eux. Le second implicite renvoie à la perception que peuvent avoir ces collègues du projet d'intégrer les animaux en sociologie : il serait question d'étudier les animaux entre eux, de pratiquer donc une *sociologie des animaux.* Les histoires croisées de la sociologie et de la zoologie nous permettent de mieux comprendre l'origine de ces deux implicites, mais aussi de les relativiser. Sans entrer dans une description érudite de ces histoires, il faut signaler que les fondateurs de la discipline sociologique ont débattu (dans des proportions variables) de la possibilité d'intégrer les animaux. Selon Dominique Guillo[2], Durkheim ne voyait pas d'objection à ce que les outils de la sociologie puissent être utilisés pour analyser d'autres espèces que les humains. Au contraire, inspiré de la lecture des « Sociétés Animales »

---

[1] Michalon, J. Doré, A., Mondémé, C. (2016) Une sociologie avec les animaux : faut-il changer de sociologie pour étudier les relations humains/animaux ? *SociologieS*, Dossier « Sociétés en mouvement, sociologie en changement », [en ligne] (consulté le 29/03/2016). Disponible sur : http://sociologies.revues.org/5329.

[2] Guillo, D. (2006) La place de la biologie dans les premiers textes de Durkheim : Un paradigme oublié ? *Revue Française de Sociologie,* 47 (3) : 507-535 ; Guillo, D. (2015) Quelle place faut-il faire aux animaux en sciences sociales ? Les limites des réhabilitations récentes de l'agentivité animale. *Revue Française de Sociologie,* 56 (1) : 135-63.

d'Alfred Espinas[3], Durkheim pensait que les comportements sociaux, tels qu'objectivés par des observations et quantifiés, pouvaient tout à fait être étudiés chez les animaux. Si l'on s'en tient seulement à cette figure canonique et tutélaire, on voit qu'une sociologie réservée aux humains n'a pas été inscrite dans les tables de la loi de la discipline et qu'une sociologie des animaux aurait tout à fait pu émerger. Dans d'autres traditions sociologiques, la question s'est posée différemment. Le sociologue allemand Max Weber, dans une perspective plus intersubjective, admettait que les animaux pouvaient être partie prenante d'interactions avec les humains[4]. Ce à quoi Georges Herbert Mead, influent sociologue nord-américain, a répondu que l'on ne pouvait pas réellement parler d'interactions entre humains et animaux, puisque les comportements des animaux étaient trop primitifs, dénués de toute dimension symbolique, condamnant par avance toute possibilité d'intersubjectivité entre humains et animaux. On le voit, les fondateurs de la discipline ont formulé l'articulation entre « sociologie » et « animaux » dans des termes assez différents. Du côté durkheimien, il s'est agi d'ouvrir la porte à une *sociologie des animaux* entre eux. Du côté anglo-saxon, on disserte sur la possibilité d'une *sociologie des rapports que les humains entretiennent avec les animaux*. Les nuances entre ces deux objets et les projets scientifiques attenants ne sont pas minces, et n'engagent pas les mêmes discussions épistémologiques. Pour autant, jusqu'à récemment leur destin a été relativement similaire, puisque la sociologie des animaux n'est pas advenue ; ou plutôt elle ne s'est pas appelée « sociologie » mais « éthologie ». En effet, les comportements collectifs des espèces animales ont été étudiés par les biologistes, les zoologues, les éthologues et les primatologues, qui peu à peu tout au long du XXe siècle ont mis au jour les compétences sociales, culturelles, voire symboliques de certains animaux. Si bien qu'il n'est pas caricatural de dire que ces chercheur-e-s ont fait œuvre de sociologie animale. Une sociologie, certes, très éloignée des débats de

---

[3] Espinas, A. (1878) *Des sociétés animales.* Paris, Félix Alcan.

[4] Sanders, C. R. (2007) *The Sociology of Non-Human Animals and Society.* In : Bryant, C. D., Peck, D. L. (eds.) *21st Century Sociology: A Reference Handbook* - Volume 2, Sage, p. 2-7.

la discipline portant ce nom, qui s'est développée de manière parallèle, malgré certaines tentatives de rapprochement (via la sociobiologie proposée par E. O. Wilson notamment). La sociologie, « officielle » dira-t-on, aurait pu quant à elle s'intéresser aux rapports humains-animaux, mais là aussi ce ne fut pas le cas, ou alors de manière très sporadique. Jusqu'aux années 1990, pour ne parler que de la France, les sociologues s'étant penchés sur le sujet sont peu nombreux et leur intérêt pour les rapports aux animaux ne constitue qu'une expédition hors de leur domaine de spécialité initial. Du côté de la sociologie de la consommation, certains se sont intéressés à la possession d'animaux de compagnie[5]. D'autres ont analysé les opinions politiques des possesseurs de chiens et de chats[6]. Des travaux de sociologie critique décrivent le rapport à l'animal comme symptôme de diverses pathologies sociales[7]. La sociologie de l'imaginaire a produit également un certain nombre d'analyses sur les représentations des animaux[8]. Le point commun de ces recherches, outre qu'elles n'observent jamais des relations humains-animaux *in situ*, est qu'elles considèrent les animaux comme des « révélateurs » de fonctionnements sociaux généraux. La spécificité des rapports aux animaux n'est pas réellement interrogée. C'est une sociologie *par* les animaux qui se donne à voir ici. À partir des années 1990, les choses évoluent quelque peu. D'un point de vue théorique, le projet d'anthropologie symétrique porté par Michel Callon et Bruno Latour viendra questionner l'idée que les non hu-

---

[5] Herpin, N., Verger, D. (1992) Sont-ils devenus fous ? La passion des Français pour les animaux familiers. *Revue Française de Sociologie*, 33 (2) : 265-286.

Verger, D., Grimler, G., Herpin, N. (1991) Les Français et leurs animaux familiers : des dépenses en forte hausse. *Économie et Statistique*, 241 (1) : 53-63.

[6] Heran, F. (1997) Comme chiens et chats. *Panoramiques,* 31 : 26-32.

[7] Yonnet, P. (1983) L'homme aux chats. Zoophilie et déshumanisation. *Le Débat,* 27 : 111-26 ; Brohm, J-M. (1997) Le chien et son double. *Panoramiques,* 31 : 33-42.

[8] Thomas, L-V. (1994) L'homme et le rat. Vers une anthropologie de l'animal. *Prétentaine,* 1 : 109-19 ; Campion-Vincent, V. (2002) Les réactions au retour du loup en France. Une tentative d'analyse prenant "les rumeurs" au sérieux. *Le monde alpin et rhodanien,* 1-3 : 11-52 ; Caillois, R. (1973) *La pieuvre. Essai sur la logique de l'imaginaire.* Paris, La Table ronde, 231 p.

mains (pas seulement les animaux) n'auraient qu'un rôle passif à jouer dans leurs rapports avec les humains[9]. Dans le sillage du développement de la sociologie pragmatique et l'anthropologie de la nature, l'idée d'agentivité des non-humains sera beaucoup débattue en sociologie, et donnera des arguments et un cadre théorique à celles et ceux qui souhaiteront décrire les rapports aux animaux autrement que comme des rapports instrumentaux. Certains travaux à la croisée de la sociologie rurale et de la sociologie de l'environnement accompagneront cette évolution en étudiant des situations où les animaux sont des sources de conflits (et plus seulement des « révélateurs »)[10]. Dans les années 2000, l'affirmation d'une spécialité sociologique autour des rapports aux animaux commence à émerger. Des textes programmatiques commencent à voir le jour : ceux d'Albert Piette[11] et de Marion Vicart[12] concernant le « fait socio-animal » que constitue

---

[9] Barbier, R., Trepos, J-Y. (2007) Humains et non-humains : un bilan d'étape de la sociologie des collectifs. *Revue d'Anthropologie des Connaissances,* 1 (1) : 35-58 ; Callon, M. (1986) Éléments pour une sociologie de la traduction. La domestication des coquilles Saint-Jacques et des marins-pêcheurs dans la baie de St Brieuc. *L'Année sociologique,* 36 : 169-208 ; Houdart, S., Thiery, O. (eds.) (2011) *Humains, non humains. Comment repeupler les sciences sociales.* Paris, La Découverte, 370 p.

Latour, B. (1994) Une sociologie sans objet ? Remarques sur l'inter-objectivité. *Sociologie du travail,* 4 : 587-606.

[10] Rémy, E. (2007) Familiarité et détachement envers l'animal : des ajustements inattendus. Le cas de la loutre dans la nature et dans les zoos. In : Charvolin, F., Micoud, A., Nyhart, L. K. (eds.) *Des sciences citoyennes ? La question de l'amateur dans les sciences naturalistes,* Éditions de l'Aube, p. 40-55 ; Mougenot, C., Roussel, L. (2006) Peut-on vivre avec le ragondin ? Les représentations sociales reliées à un animal envahissant. *Natures Sciences Société,* 14 : S22-S31 ; Mougenot, C., Strivay, L. (2011) *Le pire ami de l'homme. Du lapin de garenne aux guerres biologiques.* Paris, La Découverte, 170 p. ; Mauz, I. (2002) Les conceptions de la juste place des animaux dans les Alpes françaises. *Espaces et sociétés,* 110-111 : 129-146 ; Isabelle Mauz, I. (2005) *Gens, cornes et crocs.* Paris, Inra, 256 p. ; Micoud, A. (1993) Le piégeage : de la destruction à la gestion. *Actes du Colloque : Prédation et gestion des prédateurs* : ONC/OFNC.

[11] Piette, A. (2002) Entre l'homme et le chien. Pour une ethnographie du fait socio animal. *Socio-Anthropologie,* [en ligne], disponible sur http://socio-anthropologie.revues.org/141.

[12] Vicart, M. (2008) Regards croisés entre l'animal et l'homme : petit exercice de phénoménographie équitable. *Ethnographiques.org,* [en ligne], disponible sur http://www.ethnographiques.org/2008/Vicart#nb3 (consulté le

la relation aux chiens, de Dominique Guillo[13] aussi consacré aux relations anthropocanines, de Catherine Rémy[14] à propos de la mise à mort des animaux domestiques, ou encore de Jocelyne Porcher[15] dans une veine plus politique. Il est intéressant de noter que les deux premiers programmes cités s'accordent sur la nécessité de recourir à une forme de déplacement épistémologique : pour Guillo, il est important que la sociologie, si elle veut dire quelque chose d'intéressant sur les rapports aux animaux, engage une collaboration plus poussée avec l'éthologie et la biologie néo-darwinienne[16]. Pour Piette et Vicart, le regard sociologique doit se focaliser non plus uniquement sur l'humain en rapport avec le chien, mais aussi et surtout, sur le chien lui-même indépendamment de ses rapports aux humains. Dans les deux cas, la sociologie des relations aux animaux est tiraillée. D'un côté, on s'éloigne des relations. De l'autre, on s'éloigne de la sociologie. Les programmes de Catherine Rémy et Jocelyne Porcher, même s'ils sont très différents, défendent quant à eux, l'intérêt pour la sociologie, telle qu'elle s'est construite jusqu'ici, d'intégrer l'objet « relations humains-animaux ». C'est une sociologie *avec* les animaux qui est décrite ici, prenant en compte tout à la fois la spécificité de l'objet et la spécificité de la démarche sociologique. Une sociologie dans laquelle les animaux sont considérés comme des participants aux dynamiques sociales, mais qui conserve une dimension anthropocentrée (méthodologiquement parlant).

L'agenda scientifique des Sociological Animal Studies

Si les références citées jusqu'ici se révèlent très franco-françaises, c'est qu'il faut signaler un certain isolement de la sociologie des relations anthropozoologiques francophone.

19/10/2015) ; Vicart, M. (2014) *Des chiens auprès des hommes. Quand l'anthropologue observe aussi l'animal.* Paris, Pétra, 354 p.

[13] Guillo, D. (2009) *Des Chiens et des Humains.* Paris, Le Pommier, 324 p.

[14] Rémy, C. (2009) *La fin des bêtes. Une ethnographie de la mise à mort des animaux*. Paris, Economica, 210 p.

[15] Porcher, J. (2011) *Vivre avec les animaux. Une utopie pour le XXIe siècle.* Paris, La Découverte, 159 p.

[16] Claidière, N., Guillo, D. (2016) Comment articuler les sciences de la vie et les sciences sociales à propos des relations humains / animaux ? Un modèle interactionniste et évolutionniste. *L'Année Sociologique,* 2 (66) : 385-420.

Jusqu'à récemment, les sociologues de notre pays prenaient acte du développement dans le monde anglo-saxon de travaux similaires aux leurs, mais les citaient relativement peu, et ne se positionnaient pas réellement par rapport à ceux-ci. Pour autant, il est indispensable, pour comprendre les rapports (effectifs et potentiels) entre la discipline sociologique et l'objet « animal », d'aller du côté anglo-saxon, et en particulier aux États-Unis. D'une part, parce que c'est dans cet espace que les *Animal Studies* ont été initiées et se sont épanouies. Pour présenter de manière très succincte la communauté des *Animal Studies*[17], on peut s'en référer au nom de l'association internationale « Minding Animals », créée en 2009 et qui a pour vocation de fédérer à échelle mondiale ladite communauté[18]. Le double sens de « minding » indique que l'objectif des *Animal Studies* est à la fois de réfléchir à la condition animale, mais également de s'en soucier. Les *Animal Studies* sont donc un regroupement d'intellectuels, de scientifiques, d'universitaires issus aussi bien des humanités que des sciences de la nature, et de militants de la cause animale. Tous sont intéressés par les recherches autour de la condition animale, et ne cachent pas leur volonté de faire évoluer, par les travaux intellectuels notamment, cette condition, dans un sens plus favorable. Les premiers jalons de cette communauté sont posés dans les années 1970, tout autant grâce à la publication des travaux de Peter Singer (*Animal Liberation* notamment), que grâce aux premières recherches sur les interactions avec l'animal à but thérapeutiques[19].

C'est à partir des années 1990, notamment autour de la revue *Society & Animals*, que les *Animal Studie*s commencent à émerger et à se nommer ainsi. Il se trouve que c'est à peu près à la

[17] Pour un descriptif plus complet, se reporter à mon article : Michalon, J. (2017) Les Animal Studies peuvent-elles nous aider à penser l'émergence des épistémès réparatrices ? *Revue d'Anthropologie des Connaissances,* 11 (3) : 321-49.

[18] Voir le site : https://www.mindinganimals.com/about/objectives/ (consulté le 26/09/2015)

[19] Michalon, J. (2017) Les Animal Studies peuvent-elles nous aider à penser l'émergence des épistémès réparatrices ? *Revue d'Anthropologie des Connaissances,* 11 (3) : 321-49 ; Michalon, J. (2014) *Panser avec les animaux. Sociologie du soin par le contact animalier.* Paris, Presses des Mines ParisTech, 359 p.

même période que les premiers articles programmatiques concernant l'étude sociologique des rapports aux animaux commencent à paraître et à faire débat parmi les sociologues nord-américains. L'un de ces articles, souvent cité, est le fait d'Arnold Arluke et de Clinton R. Sanders. Dans « If lions could speak: investigating the animal-human relationship and the perspectives of non human others[20] », ils défendent tout à la fois la pertinence et la nécessité pour la discipline sociologique de s'intéresser aux rapports aux animaux, en mobilisant plusieurs arguments. En spécialistes de la relation aux chiens (de compagnie ou de travail), les deux sociologues s'étonnent du décalage entre le peu de travaux sur la question animale et l'importance de la population des animaux de compagnie aux États-Unis, et du marché qui l'accompagne. Les rapports aux animaux sont omniprésents et les sociologues choisiraient de ne pas les analyser selon Sanders et Arluke, du fait de l'attachement des sciences modernes, et en particulier des sciences humaines et sociales, à l'anthropocentrisme, au cartésianisme, et au phonocentrisme. Les sciences humaines sociales se seraient constituées sur l'idée que les animaux diffèrent radicalement des humains du fait de la capacité à raisonner et à utiliser le langage articulé de ces derniers. Les SHS et la sociologie en particulier seraient les sciences de la discontinuité, de la rupture ontologique entre humains et animaux. Sans étayer ces affirmations outre mesure (si ce n'est en citant Meade), Sanders et Arluke tiennent pour preuve de l'anthropocentrisme idéologiquement ancré dans la sociologie, le fait que les rares recherches s'étant intéressées au sujet ont avant tout cherché à documenter le point de vue des humains vis-à-vis des animaux. L'étape qu'il resterait donc à franchir serait une sociologie qui essaierait de rendre compte du point de vue des animaux de leurs rapports aux autres animaux. D'où l'affirmation d'un « challenge » disciplinaire consistant pour le sociologue à tenter de se mettre à la place des animaux et par là même d'étendre la démarche compréhensive (au cœur de nombreux travaux en sociologie qualitative) au-delà des seuls acteurs humains. L'enjeu pour

[20] Sanders, C. R., Arluke, A. (1993) If lions could speak: investigating the animal-human relationship and the perspectives of nonhuman others. *The Sociological Quarterly*, 34 (3) : 377-90.

la discipline est d'arriver à dépasser une perspective phonocentrique : comment fait-on pour interagir avec des êtres non parlants ? C'est donc également la démarche interactionniste qu'il s'agit de prolonger ici, et de radicaliser en quelque sorte. Ce qui débouche sur la formulation d'un objectif singulier : documenter le point de vue de l'animal, rendre compte de sa perspective intérieure, sans passer par l'introspection rendue possible par le biais des entretiens utilisés avec les humains ; et donc étudier la subjectivité en actes, en observateur extérieur. En d'autres termes, il s'agit de proposer une approche non mentaliste des états mentaux.

Ceci étant, Sanders et Arluke ont tout de même recours à la parole des humains pour défendre la légitimité de leur démarche : tous les propriétaires de chiens, nous disent-ils, savent bien que leurs compagnons sont capables d'interaction, d'une part, mais sont également dotés d'une subjectivité, d'un monde intérieur qui leur est propre. Cet argument ne peut évidemment pas suffire pour Sanders & Arluke qui ont dès lors recours à la primatologie et à l'éthologie pour attester de l'existence d'un « esprit » (« mind ») chez les animaux. On voit donc à nouveau l'écueil de la démarche consistant à proposer une démarche proprement sociologique, et rompant avec son anthropocentrisme, en en référant à d'autres disciplines et à la connaissance (ordinaire) qu'ont les humains de la subjectivité des animaux[21]. D'autres arguments viennent éclairer d'un jour nouveau les raisons qui motivent les sociologues à s'intéresser aux animaux. Ces derniers constitueraient un « groupe oppressé », et selon les auteurs, il est étonnant que la sociologie ne se soit pas penchée plus tôt sur leur cas, dans la mesure où la discipline a pour habitude de prendre pour objet des collectifs humains ayant en commun de subir une forme de domination. Ici, les animaux subissent la domination des humains. Les auteurs n'accompagnent pas leur affirmation de quelque référence à la philosophie politique par exemple : c'est une évidence n'ayant pas besoin d'étayage. L'orientation clairement éthique de la démarche apparaît lorsque Sanders & Arluke

---

[21] Ce point sera noté par Hilbert, qui en outre, insistera sur l'implicite partagé par Sanders & Arluke, que l'esprit des animaux est semblable à celui des humains.

évoquent l'asymétrie des rapports humains-animaux dont le sociologue est amené à être témoin. Les situations de domination observées par le chercheur confèrent à celui-ci une forme de « mandat éthique », c'est-à-dire un engagement à ce que les recherches effectuées contribuent à atténuer l'asymétrie initiale, voire à la faire disparaître.

On le voit, c'est tout à la fois pour des motifs scientifiques et pour des raisons politiques que Sanders et Arluke appellent au développement d'une sociologie des relations humains-animaux. En cela, leur démarche s'inscrit fortement dans le sillage des *Animal Studies*, où la limite entre l'épistémique et le politique est ambigüe.

Batailles, stratégies et résistances : l'institutionnalisation des *Sociological Animal Studies*

C'est précisément cette ambigüité qui va poser problème à l'institutionnalisation de ce qui va devenir les « Sociological Animal Studies. » Cela est très clair dans la chronique que fera David Nibert de la création de la section « Animals and Society » de l'American Sociological Association (ASA)[22]. Dans les années 1990, plusieurs sociologues états-uniens se regroupent et souhaitent créer cette section, rassemblant dans ce but une centaine de signatures de membres de ladite association. Cette dernière rejeta pourtant leur requête par deux fois en 1998. Le premier rejet fut motivé par des raisons tout autant intellectuelles que professionnelles : l'association considéra qu'il n'y avait pas assez d'éléments scientifiques probants appuyant la demande, et qu'en outre il faudrait mieux expliciter en quoi le domaine « animal et société » pouvait avoir un intérêt pour l'avenir de la discipline (en termes d'enseignements et de débouchés professionnels). Le dossier fut soumis à nouveau, en intégrant les éléments demandés, et rejeté à nouveau lors du congrès annuel de l'ASA. Cette fois, un autre motif est invoqué :

> « Il y avait une inquiétude que [la section] soit focalisée sur les droits des animaux, comme un enjeu militant et non pas comme un objet sociologique… Je m'inquiète de sa-

---

[22] Nibert, D. (2003) Origins of the ASA Section on Animals & Society - With a Bibliographic Appendix. *Sociological Origins,* 3 (1) : 53-58.

voir s'il s'agit d'une entreprise intellectuellement solide ou bien d'une initiative idéologique et politique. La tentative de rendre cela plus sociologique ne m'a pas semblé convaincante[23]. »

Les mots de Patricia A. Roos, membre du comité de l'ASA, sont très clairs : il faut lever l'ambigüité et montrer que cette section sera avant tout scientifique et non militante. On exigea que la section réunisse à nouveau les cent signatures, ce qui n'avait encore jamais été demandé pour une autre section souligne Nibert. Encouragé par d'autres membres du comité, le collectif « Animals & Society » obtient les signatures et le statut de « section en formation » en 2001. L'ASA lui donne 2 ans pour compter 300 membres en son sein et devenir une section à part entière. Ce qui est présenté par Nibert comme l'ultime épreuve de ce qui est dépeint comme une lutte *pour* les « Sociological Animal Studies »[24].

Cette rhétorique combattante est explicitement assumée par Clyfton P. Flynn pour relater la manière dont il a mis en place l'enseignement « *Sociology: Animals and Society* » au sein de l'Université de Caroline du Sud à Spartanburg (États-Unis)[25]. Dans cet article qui ressemble à un précis de stratégie académique, Flynn parle en effet d'une « bataille » livrée contre certains de ses collègues et la direction de l'université pour faire accepter ce cours. Le sociologue explique que les réticences vis-à-vis du projet ont émané surtout de collègues biologistes et psychologues. Leurs inquiétudes et objections, là encore, concernaient la dimension potentiellement militante de l'enseignement ainsi que la légitimé d'un sociologue à le prendre en charge

---

[23] Ross, citée par Nibert, D. (2003) Traduit par mes soins. Texte original : « There was a worry that [the section] might be focused on animal rights as an issue, rather than sociologically focused… I worry about whether this is a really sustained intellectual effort or whether it's more of a political ideological issue. The attempt to make it more sociological was not convincing to me. »

[24] Lutte à l'issue positive puisqu'en 2003, la section est officiellement pérennisée.

[25] Flynn, C. P. (2003) A course is a course, of course, of course (unless it's an animals and society course): challenging boundaries in academia. *International Journal of Sociology and Social Policy,* 23 (3) : 94-108.

(quelles compétences en comportement animal ?). Flynn relate la manière dont il a défendu le projet :

> « J'ai expliqué pourquoi il s'agissait d'un enseignement sociologique, dans sa forme la plus pure, et pourquoi il ne s'agissait en rien d'une formation aux droits des animaux, mais pour autant, que le statut moral des animaux et le mouvement des droits des animaux étaient des sujets parfaitement légitimes dans un tel cours. J'ai énuméré les sujets possibles (comme la construction de l'esprit / la personnalité des animaux par les propriétaires de chiens ; la gestion des émotions chez les salariés des refuges de protection animale pour préserver un sens du « self » ; le rôle des animaux de compagnie dans les familles), donné des exemples qui illustraient l'application des principes, concepts et théories sociologiques à l'étude des relations entre les humains et les autres animaux. J'ai souligné qu'il s'agissait d'un cours sur la manière dont les humains font l'expérience des autres animaux ; sur ce que l'on peut apprendre sur nous-mêmes à partir de nos opinions et de nos actes vis-à-vis des autres animaux[26]. »

On notera ainsi comment Flynn montre 'patte blanche' en assurant ses auditeurs du caractère non militant de l'enseignement, de sa dimension « purement » sociologique, et par là même, son caractère clairement anthropocentré ; arguments qui contrastent avec les ambitions affichées par les *Sociological Animal Studies*. C'est également au nom de la liberté académique que le combat est mené. C'est donc en adoptant une posture acceptable aux

[26] *Ibid.*, traduit et souligné par mes soins. Texte original : « I explained why this was a sociology course in its purest form, and why it was not an animal rights course, but why the moral status of animals and the animal rights movement were perfectly legitimate topics to cover in such a course. I reviewed the possible topics that might be covered (e.g., dog owners' construction of their animals' minds/personalities; emotion management by animal shelter workers to preserve their sense of self, the role of companion animals in families), giving examples that illustrated the application of sociological principles, concepts, and theories to the study of human relationships with other animals. I emphasized that this was a course about how humans experience other animals; about what we learn about ourselves from our attitudes toward, and treatment of, other animals. »

yeux du monde universitaire (respectant les partitions entre science et politique, entre les disciplines, entre les humains et les animaux) que Flynn parvient à ses fins.

Est-il exagéré de parler ici de « stratégie » ? La lecture de l'article convaincra quiconque, puisque Flynn ne fait pas mystère de ce qui le motive : dès la deuxième page, il décrit la présence du cours dans le programme officiel de l'université comme une victoire « pour les animaux. » La dernière partie de l'article est par ailleurs consacrée aux effets qu'a eus le cours sur les étudiants l'ayant suivi. Dans un premier temps, Flynn synthétise leurs réactions écrites. Ce qui frappe d'abord Flynn c'est la manière dont le regard des étudiants sur les animaux a changé : leurs capacités cognitives, leur conscience, leurs comportements sociaux… tout cela fascine les étudiants et les amène à se questionner sur la dimension morale de leurs attitudes vis-à-vis des animaux (certains se questionnent par exemple sur leur consommation de viande). De ce cours de sociologie, les étudiants retiendraient donc en premier lieu ce qu'ils ont appris sur les animaux. La dimension humaine n'apparaît que pour souligner l'arbitraire des comportements et la possibilité de les faire évoluer. Comme pour apporter une ultime confirmation de l'objectif sous-jacent du cours et de son impact, Flynn en livre ensuite les résultats d'une évaluation chiffrée. L'outil utilisé par le professeur est l'*Animal Attitudes Scale*, questionnaire constitué d'une série d'affirmations concernant la condition animale (« il n'y a aucun problème avec l'expérimentation animale », « chasser des animaux sauvages est immoral », « je suis agacé de voir des animaux dans des cages au zoo »), par rapport auxquelles il est demandé d'indiquer son degré d'adhésion[27]. Le questionnaire a été complété par les étudiants au début et à la fin du cursus, et les résultats indiquent clairement une augmentation des opinions pro-animaux à la fin du semestre. Si produire du « concernement » n'était peut-être pas le but initial du cours, c'est en tout cas ce qu'il a produit et c'est surtout sur ce mode, éthique et moral, que l'impact du cours est évalué. Et le message conclusif de Flynn ne dit pas autre chose : les cours du type « Animals &

[27] L'*Animal Attitudes Scale* a été créée par Kenneth Shapiro, psychologue et militant pro-animaux, fondateur de la revue *Society & Animals*.

Society » se développent dans plusieurs universités aux États-Unis à l'époque, vont contribuer non seulement à la légitimité de l'objet « animal » en sociologie, mais aussi et surtout, à la sensibilisation des étudiants vis-à-vis de « l'injustice et de l'oppression impliquant les humains et les autres animaux[28]. » (Flynn, 2003, p. 105). Pour Flynn, il est tout à fait logique que les *Sociological Animal Studies*, puisqu'elles prennent racine dans la rencontre entre le mouvement des droits des animaux et le monde académique, participent à l'accomplissement d'avancées normatives pour les animaux. Et de prendre pour exemple les domaines des études de genre et des études « ethniques et raciales », se caractérisant par la même porosité entre activisme et académisme que les *Animal Studies.*

C'est d'ailleurs à un rapprochement avec ces autres domaines que les promoteurs des *Sociological Animal Studies* vont appeler très rapidement (dès le début des années 2000). D'une part, comme le rappelle Corwin Kruze[29], la thématique de l'animalité est déjà au cœur des analyses portant sur les notions de « race », de « genre », de « classe ». Il est en effet souvent question de montrer comment le maintien de certaines catégories d'êtres humains dans des positions subalternes a été justifié en se référant à leur animalité supposée. Les dynamiques d'animalisation des humains ont bien été analysées, et plus encore, les manières dont les catégories de « race », « de « genre » et d' « espèce » se construisaient les unes par rapport aux autres. D'autre part, il y a un intérêt stratégique et théorique à s'inspirer des domaines intellectuels s'étant constitués autour des « groupes minorisés », comme les *Women Studies*, les *Racial Studies*, les *Disability Studies*, ou encore les *Post-colonial Studies*. Le sociologue américain David Nibert fait ainsi le constat d'un conformisme de ses confrères, habituellement très critiques vis-à-vis des formes d'oppression multiples, des arbitraires sociaux et culturels quand

---

[28] Traduit par mes soins. Texte original : « (...) issues of injustice and oppression involving both humans and other animals. »

[29] Kruse, C. R. (2002) Social animals: Animal studies and sociology. *Society & Animals,* 10 (4) : 375-79.

il s'agit de genre, de classe, de race, etc.[30] Mais rarement quand cela concerne les animaux. Pour Nibert, il faut relier le spécisme, au racisme et au sexisme pour pouvoir intéresser les sociologues et leur montrer que les animaux subissent une oppression comparable à celle de groupes humains « dévalués ». L'enjeu, selon Nibert, est de transposer les réflexions antispécistes, formulées par des philosophes, dans des termes philosophiques, à l'arsenal théorique sociologique. Pour cela, deux redéfinitions doivent être effectuées. L'une concernant le concept de « groupe oppressé », qui doit être étendu aux animaux, et l'autre concernant le concept de spécisme, qui doit être abordé d'un point de vue sociologique, comme une idéologie, à l'instar du sexisme, du racisme ou du « validisme[31] ». Dans cette opération de sociologisation des idées antispécistes, la mise en équivalence entre « ethnocentrisme », notion largement légitime dans la communauté des sociologues et des anthropologues, et « anthropocentrisme », est une étape cruciale. De la même manière que l'ethnocentrisme empêche de voir les inégalités dans la distribution des ressources et du pouvoir, et entretient un système « objectivement raciste », l'anthropocentrisme empêche de voir la domination subie par les animaux, et entretient donc un système « objectivement spéciste ». La proposition de Nibert vise donc à créer une forme de « social theory » antispéciste, qui permettra d'intéresser les sociologues, notamment ceux qui travaillent sur des groupes humains « oppressés ».

À ce propos, Arnold Arluke explique que ce sont précisément ces collègues-là qui seront difficiles à convaincre[32]. Selon lui, ces collègues dont les spécialités ont été tardivement reconnues et légitimées sont les plus récalcitrants à accueillir les *Animal Studies* au sein de la discipline. Dans un contexte de rareté des ressources académiques, sans doute que ces collègues ne voient pas d'un bon œil l'arrivée d'un nouveau compétiteur. Mais Arluke propose une autre explication:

---

[30] Nibert, D. (2003) Humans and other animals: sociology's moral and intellectual challenge. *International Journal of Sociology and Social Policy,* 23 (3) : 4-25.

[31] Forme de discrimination contre les personnes en situation de handicap.

[32] Arluke, A. (2002) A sociology of sociological animal studies. *Society & Animals,* 10 (4) : 369-374.

> « Est-il possible qu'ils voient les *Animal Studies* comme une parodie de leur propre spécialité parce que l'intérêt pour les animaux non humains viendrait salir ou dévaloriser le groupe qu'ils défendent, et quelque part, dans leur esprit, viendrait banaliser la notion même d'oppression ?[33] »

La question animale viendrait donc alimenter une sorte de peur du « déclassement » académique et symbolique. Ce type d'explications, psychologisantes, des réticences, ou des « résistances » rencontrées par les universitaires en sciences humaines et sociales travaillant sur les rapports aux animaux, est récurent dans les articles cités ici. Les rires, les sarcasmes, la perplexité, voire l'hostilité sont autant de réactions que les auteurs disent avoir eu à subir de la part de leurs collègues. Ces réactions, sur lesquels les auteurs passent très rapidement, semblent d'autant moins pertinentes et rationnelles quand on lit, par contraste, le déploiement d'arguments, épistémologiques et professionnels, avancés par les partisans des Sociological Animal Studies.

Conclusion : Entre une sociologie des animaux et une sociologie pour les animaux

Pour autant, si les verrous n'avaient été que psychologiques ou symboliques, la bataille à mener aurait-elle été si « rude » ? À la lecture des articles cités ici, tout se passe en effet comme si les *Sociological Animal Studies* relevaient d'un projet scientifique extrêmement clair, qui ne susciterait des résistances que du fait de la mauvaise compréhension ou de la mauvaise volonté des « récalcitrants ». J'ai bien souligné que ce projet n'était pas nécessairement très clair, précisément en raison de son positionnement à l'interface entre le souci (militant) des animaux et l'intérêt (scientifique) de les intégrer au périmètre sociologique. Et sur ce point précis, j'ai également montré que les réticences avaient été exprimées de manière assez explicite : l'ambiguïté entre enjeux scientifiques et enjeux militants a posé problème, et il a fallu

[33] Traduit par mes soins. Texte original : « Is it possible that they see animal studies as a parody of their specialty because interest in non-human animals tarnishes or cheapens whatever group they champion and somehow, in their minds, trivializes the very notion of oppression? »

spécifier de quel côté les *Sociological Animal Studies* se trouvaient (quitte à travestir quelque peu la réalité). De la même manière, la proposition de ce que serait une perspective purement sociologique des relations humains-animaux est ambigüe. Selon les uns (et selon l'auditoire), il faudrait chercher à rendre compte du point de vue des animaux, alors que pour les autres il s'agit avant tout de rendre compte de comment les humains font l'expérience de leurs rapports aux animaux. À ce titre, la nécessité éprouvée par les auteurs cités ici de statuer sur *ce que sont* les animaux, d'insister sur leurs capacités émotionnelles, cognitives, sociales, peut interroger. Si ce qui intéresse le sociologue est bien le point de vue de l'humain sur les animaux, quel besoin aurait-il de caractériser préalablement ce que sont les animaux ? S'agit-il de justifier la réorientation du regard du sociologue de l'humain vers l'animal ? S'agit-il de donner voix à d'autres disciplines, comme l'éthologie, dans la définition de l'objet sociologique ? S'agit-il de raisons plus morales ou éthiques ? S'agit-il de tout cela à la fois, comme l'explique Clifton P. Flynn ? « Fondamentalement, si les autres animaux sont des acteurs sociaux, dotés d'un esprit, pouvant initier des interactions symboliques, ils méritent d'être intégrés, non seulement dans le périmètre sociologique, mais tout autant dans le champ de la considération morale[34]. » (Flynn, 2003, p. 106)

Le projet porté par la rencontre entre la sociologie nord-américaine et les *Animal Studies* est loin d'être dépourvu d'ambigüités, et c'est sans doute ce qui explique qu'il ait pu rallier tant d'universitaires, qui pour des raisons très différentes ont soutenu l'institutionnalisation de cet objet relativement marginal. Mais ces ambigüités ont également généré des inquiétudes et des « résistances ». Selon moi, cette situation est révélatrice de la confusion, évoquée en début de texte, entre une *sociologie des animaux* et une *sociologie des relations aux animaux*. Ces deux projets scientifiques n'engagent pas les mêmes épistémès, les mêmes disciplines, les mêmes questions, les mêmes méthodes.

---

[34] Traduit par mes soins. Texte original : « Fundamentally, if other animals are minded social actors who can engage in symbolic interaction, then they are worthy not only of inclusion in the field of sociology but of moral consideration as well. »

Les réactions perplexes ou hostiles face à l'intégration des animaux dans le périmètre sociologique proviennent, selon moi, de cette confusion : il est en effet surprenant de penser qu'un sociologue puisse pratiquer une sociologie qui ne s'intéresse pas aux êtres humains. Ce n'est d'ailleurs pas tout à fait ce que proposent les partisans des *Sociological Animal Studies*. Comment se fait-il alors que cette version radicale et caricaturale puisse être celle qui soit retenue ? Sans doute l'agenda politique et moral des *Sociological Animal Studies* les pousse à mettre davantage en avant les animaux et leur perspective, comme objets dignes d'intérêt, au détriment du point de vue des humains. Cette volonté de rééquilibrage du regard, parce qu'il semble motivé tout autant par un souci de justice que par un souci de vérité, peut inciter à voir les *Sociological Animal Studie*s comme une sociologie *pour les animaux.* Parce qu'il n'est pas clair que l'attention portée aux animaux doive ici se formuler en termes épistémiques ou en termes politiques, cette sociologie pour les animaux semble condamnée à naviguer entre la sociologie des animaux et la sociologie des relations humains-animaux et à devoir se justifier de n'être ni vraiment l'une ni vraiment l'autre.

Chapitre VIII

La géographie animale française et sa trajectoire dans l'appréhension des territoires plus-qu'humains

Guillaume Marchand, Philippe Sierra
et Farid Benhammou

Introduction

En général, quand l'on pense aux études animales en France, la géographie ne vient pas à l'esprit. Par exemple, dans son ouvrage *Que diraient les animaux si on leur posait les bonnes questions ?*, Vinciane Despret[1] s'étonnait que des géographes américains aient pu s'intéresser à des questions de zoophilie. Dans ses souvenirs du secondaire, la géographie se résumait « avant tout à quelques affaires fastidieuses de cartes, de répartitions de zones, de couches géologiques, de montagnes et de cours d'eau » et elle ne s'attendait nullement à ce qu'elle puisse s'intéresser aux rapports, ici sexuels, entre êtres humains et animaux. Pourtant, même si les travaux de géographes sur les animaux sont encore méconnus, cela fait maintenant environ 20 ans qu'ils sont engagés dans le « tournant animal » et proposent des réflexions sur ces « exclus » des sciences humaines et sociales. Cependant, cette prise en compte a été difficile et reste encore mal connue. Elle est néanmoins plus que jamais nécessaire. Du côté de la géographie, ignorer les animaux non-humains c'est renoncer à comprendre la territorialisation, cette appropriation des espaces qui a toujours conduit à l'éviction ou à la domination d'autres humains mais aussi de non-humains. C'est également oublier que la plupart des échanges économiques alimentaires ont des incidences directes ou indirectes sur les animaux non-humains, par la transformation de leur habitat, leur reproduction, leur élimination et leur commercialisation. Enfin,

[1] Despret, V. (2012) *Que diraient les animaux si on leur posait les bonnes questions*. Paris, La Découverte, 279 p.

ce serait ignorer l'une des composantes de l'Habiter, ce rapport que nous avons à notre espace. Du côté des questions animales, ignorer la géographie, c'est perdre de vue des clés de compréhension fondamentales quant à la répartition et la diffusion des animaux non-humains, mais surtout à la différenciation de leur appréhension d'un territoire à l'autre. Si nous résumions notre conviction, nous dirions qu'il n'y a pas de géographie sans animaux et pas de question animale sans géographie. Le présent texte propose, dans un premier temps, une brève rétrospective de la prise en compte de l'animal au sein de la géographie française et, dans un second moment, une réflexion sur les questions posées par l'animal à cette discipline. Bien que l'animal ait pu être traité ponctuellement au sein de la géographie classique française, notre propos se limitera aux travaux géographiques contemporains à l'émergence des études animales, autrement dit des années 1990 à nos jours, ce qui nous semble plus cohérent avec le cadre de réflexion proposé dans cet ouvrage. Pour les travaux antérieurs, les lecteurs intéressés pourront se référer aux écrits de Farid Benhammou[2], seul, ou en association avec Philippe Sierra[3].

Les géographes français et les animaux

Années 1999-2005 : l'entrée des questions animales dans la géographie française

La géographie physique, branche de la géographie consacrée à l'étude des milieux biophysiques a difficilement intégré le versant biologique et en particulier animal. Dans les années 1990, la légitimité de cette branche est discutée par de nombreux géographes français qui souhaitent inscrire la géographie dans le seul champ des sciences sociales, l'étude des questions environnementales et donc animales étant par là contestée. Il

---

[2] Benhammou, F. (2016) *Une histoire contemporaine de la géographie française de l'animal.* In : Chartier, D., Rodary, E. (eds.) Manifeste pour une géographie environnementale, Presses de Sciences Po (P.F.N.S.P.), p. 141-164.

[3] Benhammou, F., Sierra, P. (2017) *Épistémologie de la géographie des animaux en France : de la biogéographie à la géopolitique.* In : Benhammou, F., Sierra, P. (eds.) Historiens et Géographes, numéro spécial FIG : *Territoires humains, mondes animaux*, n°439, p. 44-49.

s'agit d'étudier « l'espace des sociétés »[4], sociétés humaines bien sûr. Le paradoxe est que les animaux retrouvent leur place au sein de la géographie française par sa branche humaine, d'où était partie la contestation de l'approche de l'environnement. L'un des premiers textes fondateurs de la géographie animale française en construction est en effet le livre de Nathalie Blanc publié en 1999, *Les Animaux et la Ville*[5], où elle prend l'animal comme support analytique afin d'étudier le rapport des citadins à la ville, à la nature mais aussi à leurs concitoyens. Son étude se concentre sur deux animaux emblématiques des espaces urbains, les blattes et les chats domestiques, relevant à leur égard des attitudes ambivalentes : alors que le chat est parfois érigé en symbole de la nature en ville, les blattes, elles, sont vues comme non-naturelles, voire comme de simples externalités négatives du mode de vie urbain.

Un deuxième ouvrage fondateur est le numéro spécial de la revue *Espaces et Sociétés* sur la place de l'animal coordonné par Jean-François Staszak[6]. Dans l'introduction au dossier, cet auteur avance notamment quatre raisons à l'inclusion des animaux dans le champ disciplinaire : (i) la cohabitation des humains et des animaux pose des problèmes territoriaux dans le sens où elle questionne les pratiques, les usages et les idées sur l'espace, (ii) les relations humains/animaux sont directement liées aux rapports humains/espace, (iii) par leur présence les animaux affectent le statut et la symbolique conférés à un espace et (iv) la frontière humain/animal renvoie à des dichotomies ayant une dimension spatiale, l'animal étant notamment utilisé pour désigner l'étranger, le barbare, le non-civilisé. Il est important de souligner que ce numéro a été rédigé principalement par des chercheurs en anthropologie et en sociologie, ces deux disciplines étant un peu plus familières des questions animales que la géographie française au début des années 2000. Toutefois, ces sociologues et anthropologues ont décidé de jouer le jeu des géographes en étudiant les relations humains/animaux au travers

[4] Lévy, J., Lussault, M. (2013) *Dictionnaire de la géographie et de l'espace des sociétés*. Paris, Belin, 1228 p.
[5] Blanc, N. (2000) *Les Animaux et la ville*. Paris, Odile Jacob, 232 p.
[6] Staszak, J-F. (dir.) (2002) La place de l'animal. *Espaces et Sociétés*, 110-111 : 19-23.

d'un prisme spatial. C'est le cas notamment d'Isabelle Mauz[7] qui y développe le concept de « juste place » des animaux, concept qui sera abondamment utilisé par les générations postérieures de géographes français s'intéressant aux rapports aux animaux sauvages. Cette auteure estime que cette « juste place » est une construction sociale, fortement dépendante des idées et représentations collectives au sujet des animaux mais aussi de l'espace puisque s'y mêlent des considérations sur l'habitat présumé de l'espèce ainsi que sur le droit ou non à s'approcher des installations humaines : des bouquetins retrouvés au milieu des animaux domestiques sont jugés « dégénérés » ou « déviants » dans le sens où leur comportement n'est pas naturel car, en tant qu'animaux sauvages et montagnards, ils auraient dû maintenir leur distance et ne pas descendre vers la vallée. Parmi les textes rédigés par les géographes, figure un article d'épistémologie proposé par Nathalie Blanc et Marianne Cohen[8] qui plaide en faveur d'une réintroduction de l'animal dans le champ disciplinaire en lui attribuant une triple valeur heuristique, celui-ci pouvant être (i) vecteur de requalification des espaces, sa présence pouvant affecter positivement ou négativement les pratiques et les représentations associées à un territoire; (ii) symptôme des relations humains/environnement et (iii) indicateur du fonctionnement biophysique des milieux. Ses auteures insistent également sur le fait que l'inclusion de l'animal dans son champ disciplinaire invite le géographe à participer aux débats sur les questions environnementales et animales.

Enfin, il est indispensable de souligner la parution, en 2004, du *Paysage animal* de Xavier de Planhol[9], un ouvrage de zoogéographie historique abordant l'évolution dans le temps et dans l'espace des rapports entre sociétés humaines et grande faune. Cet ouvrage est divisé en trois parties, la première insistant sur l'ampleur de la destruction de diverses espèces animales, la seconde revenant sur les espèces ayant bénéficié directement ou

---

[7] Mauz, I. (2002) Les conceptions de la juste place des animaux dans les Alpes françaises. *Espaces et Sociétés*, 110-111 : 129 -145.

[8] Blanc, N., Cohen, M. (2002) L'animal, une figure de la géographie contemporaine. *Espaces et Sociétés*, 110-111 : 25-40.

[9] de Planhol, X. (2004) *Le paysage animal. L'homme et la grande faune : une zoogéographie historique*. Paris, Fayard, 1127 p.

indirectement de l'avancée de l'écoumène (espèces commensales, domestiques ou ensauvagées), puis, la dernière, évoquant la géographie des actions humaines et construisant une rétrospective régionalisée des rapports à la faune sous ses différents aspects (prédation, domestication, protection). De Planhol pose de manière particulièrement nette le fait que la constitution des territoires humains s'est réalisée par l'éviction de nombreuses espèces et la domestication de quelques-unes, c'est d'ailleurs ce qui le conduit à justifier l'élimination des grands fauves qui n'auraient pas, selon lui, leur place au sein des espaces conquis par les hommes. Parce qu'il promeut des stratégies de conservation pour certaines espèces tout en appelant à la lutte contre d'autres, mais aussi parce qu'il critique les approches écologistes considérées comme naïves tout en faisant preuve d'un optimisme plutôt dangereux (l'auteur considère que l'ère des grandes extinctions est derrière nous), cet ouvrage ne manque pas de déstabiliser par son point de vue. Il est non seulement anthropocentré mais assume et revendique la primatie et la domination de l'espèce humaine sur toutes les autres. Il demeure néanmoins le premier grand recueil d'un géographe français consacré aux rapports entre les humains et la grande faune sauvage à l'échelle mondiale.

Années 2005-2010 : des travaux isolés autour de l'animal sauvage

Dans les années 2005-2010, la production en géographie animale est assez limitée. Toutefois, une nouvelle génération de géographes animaliers commence à émerger avec la publication des thèses de Ludovic Boussin, Coralie Mounet et Farid Benhammou. Leurs thèses ont en commun d'aborder les jeux d'acteurs et de pouvoir autour d'animaux d'intérêt cynégétique (chevreuils, sangliers) et/ou écologique (loups, ours). Ludovic Boussin[10] s'intéresse aux représentations qu'ont du chevreuil différents acteurs et usagers de l'espace en Limousin (chasseurs, forestiers et promeneurs). Au sein des différents groupes, il montre notamment que la dichotomie sauvage/domestique

[10] Boussin, L. (2006) *Société et animal : contrôler la grande faune sauvage. L'exemple du chevreuil dans le département de la Haute-Vienne*, thèse de doctorat en géographie, Limoges, Université de Limoges, 435 p.

héritée de la tradition rurale française tend à s'estomper au profit d'un nouveau couple naturel/artificiel porté par les mentalités urbaines et les discours environnementaux ; si le chevreuil arrive à être aujourd'hui déprécié, c'est parce qu'il a été réintroduit, qu'il est (mal) géré et qu'il peut être rencontré en grande densité, il n'est donc plus en quelque sorte naturel, cet attribut étant réservé au sauvage rare, élusif et authentique. Coralie Mounet[11], pour sa part, s'intéresse à la façon dont la présence d'animaux sauvages (ici le loup et le sanglier) affecte les rapports entre différents groupes d'acteurs au sein d'un même territoire, autrement dit, les pousse à dialoguer, à se confronter ou, au contraire, à nouer des alliances. Adoptant une posture à la fois micro-géographique et sociologique pour étudier dans le détail les agencements et les réagencements entre acteurs, elle considère les animaux comme des actants, des « opérateurs territoriaux » participant à la composition/recomposition des territoires. De son côté, Farid Benhammou[12] revisite notamment la tradition géopolitique française en montrant qu'elle peut être pertinente pour questionner le rapport aux animaux même à des échelles très locales, démarche qui semble avoir fait des émules puisque depuis ont été publiées des géopolitiques de l'ours polaire[13] et des moustiques[14]. La géographie de Farid Benhammou replace l'approche politique, sociale et culturelle au cœur d'une démarche multiscalaire et assume un positionnement tenant compte des intérêts environnementaux. Le point de départ de son analyse est donc l'écologie, ce qui le distingue des approches courantes en sciences sociales qui considèrent les conflits humains/faune sauvage comme des enjeux entre humains

---

[11] Mounet, C. (2007) *Les Territoires de l'imprévisible. Conflits, controverses et « vivre ensemble » autour de la gestion de la faune sauvage. Le cas du loup et du sanglier dans les Alpes françaises,* thèse de doctorat en géographie, Grenoble, Université Joseph-Fourier, 564 p.

[12] Benhammou, F. (2007) *Crier au loup pour avoir la peau de l'ours. Une géopolitique locale de l'environnement à travers la gestion et la conservation des grands prédateurs en France*, thèse de doctorat en géographie, Paris, AgroParisTech-ENGREF, 2007, 665 p.

[13] Marion R., Benhammou, F. (2015) *Géopolitique de l'ours polaire*. Saint-Claude-de-Diray, Hesse, 188 p.

[14] Orsenna, E., de Saint Aubin, I. (2017) *Géopolitique du moustique. Petit précis de mondialisation.* Paris, Fayard, 288 p.

à propos des animaux. Le rapport entre les deux entités est aussi physique au sens large (prédation, élimination de spécimens) et demeure éminemment territorial pour ce géographe. À côté de ces trois thèses et des productions qui en découlent, d'autres articles sur les animaux sont publiés ponctuellement au cours de cette période, citons notamment celui d'Éric Glon[15] sur la conservation des oiseaux européens ainsi que celui de Sylvie Guillerme et ses collaborateurs[16] sur les éléphants asiatiques dans le numéro spécial de *Géographie et Cultures* de 2009. Éric Glon propose une réflexion sur les moyens de mettre en œuvre une nouvelle éthique environnementale fondée sur une remise en contact des humains avec les animaux et sur une responsabilisation des premiers pour la protection des seconds. À son sens, cette responsabilisation peut être mise en œuvre par voie de contractualisation, celle-ci devant être individualisée et spatialisée, par exemple, par le biais d'aides agricoles conditionnées à de bonnes pratiques environnementales.

Années 2010 :
une multiplication et diversification des productions

Dans les années 2010, les évènements autour de la géographie animale se multiplient en France. En 2013, Jean Estebanez, auteur d'une thèse sur les parcs zoologiques[17] coordonne avec des collègues sociologues du réseau *Imaginaires et Pratiques Anthropozoologiques*, un numéro spécial de la jeune revue *Carnets de Géographes* sur la « géographie humanimale », autrement dit la géographie des interactions entre les deux parties[18]. Cette géographie humanimale s'inspire fortement des

---

[15] Glon, E. (2009) Faut-il prendre les canards sauvages pour des enfants du Bon Dieu ? *Géographie et cultures*, 69 : 43-58.

[16] Guillerme, S., Maire, E., Moppert, B., Hinnewinkel, C. (2009) Cohabiter avec la grande faune dans le sud de l'Inde : opportunité ou menace ? *Géographie et cultures*, 69 : 59-79.

[17] Estebanez, J. (2010) *Les zoos comme dispositif spatial : pour une géographie culturelle de l'animalité*, thèse de doctorat en géographie, Paris, Université Paris Diderot-Paris 7.

[18] Estebanez, J., Gouabault, E., Michalon, J. (2013) Où sont les animaux ? Vers une géographie humanimale, *Carnets de géographes* [en ligne], voir le site

travaux anthropologiques et sociologiques sur les rapports entre humains et animaux, portant son attention sur les interactions entre les deux parties, sur les modalités de l'existence en commun et sur la formation de collectifs hybrides où fusionnent nature et culture. Les géographes sont encore minoritaires dans les contributeurs mais les réflexions sur l'espace fournies sont particulièrement riches, à l'instar du texte de Stéphanie Chanvallon sur les espaces de l'entre-deux résultant de la rencontre éphémère entre un humain et un animal sauvage en un lieu donné : « Si dans certaines conditions l'espace est défini par avance, structuré et limitatif, il peut être en perpétuelle construction et évolution en fonction des représentations et intentions d'agir, en fonction aussi de cet autre animal qui fuit ou se rapproche, qui décide ou non de rencontrer l'humain[19] ». Parmi les textes de géographes, Guillaume Marchand[20] propose un article visant à démontrer l'intérêt de l'inclusion des conflits humains/faune sauvage dans le champ de la géographie ainsi que l'intérêt d'une démarche géographique pour la compréhension de ce problème autour de trois concepts forts de la discipline : l'espace (rôle de la matérialité physique des lieux et de l'organisation de l'espace dans les conflits), le territoire (rôle des dynamiques socioéconomiques, culturelles et politiques) et les représentations spatiales (participation à la définition de la juste place des animaux). Ce numéro spécial marque une évolution semblable à celle évoquée par Jamie Lorimer et Krithika Srinivasan[21] dans la géographie animale anglo-saxonne. Alors que la géographie animale française se concentrait jusqu'à présent plutôt sur la dimension humaine du rapport à l'animal et

---

http://www.carnetsdegeographes.org/carnets_debats/debat_05_01_Estebanez_Gouabault-Michalon.php (consulté le 25/05/2018).

[19] Chanvallon, S. (2013) Les relations humains/animaux, *Carnets de géographes* [en ligne], voir le site http://journals.openedition.org/cdg/1057 (consulté le 25/05/2018).

[20] Marchand, M. (2013) Les conflits hommes/animaux sauvages sous le regard de la géographie : cadre territorial, perceptions et dimension spatiale, *Carnets de Géographes* [en ligne], voir le site https://journals.openedition.org/cdg/1070 (consulté le 25/05/2018).

[21] Lorimer, J., Srinivasan, K. (2013) *Animal geographies*. In : Johnson, N. C., Schein, R. H., Winders, J. (eds.) *The Wiley-Blackwell Companion to Cultural Geograph*, John Whiley and sons, p. 332-342.

ce que les animaux révélaient des sociétés humaines, dorénavant, elle s'ouvre à un décentrement de son regard, en donnant plus d'importance à l'animal et en adoptant une approche plus-que-représentationnelle (prise en compte de sa corporéité, de son agentivité et de son expérience). L'idée est de s'intéresser à la façon dont « notre regard sur les animaux change, les animaux changent et nous-mêmes sommes transformés[22] ».

L'année 2017 constitue un autre moment clé pour la géographie animale française avec la publication d'un nouveau numéro spécial « Territoire animal, territoire humain » dans les *Annales de géographie*[23] et le choix d'un thème similaire pour la 28e édition du *Festival International de Géographie (FIG)* qui donne également lieu à un dossier spécial d'*Historiens et géographes*, la revue de l'association des professeurs d'histoire géographie. Le FIG 2017 rend visible la diversification des sujets explorés par les géographes : outre les traditionnelles réflexions sur les relations humains/faune sauvage, les pratiques extractivistes (pêche, chasse) ou la domestication, on y trouve des conférences sur la mort animale (Jean Gardin, Alice Franck), le végétarisme et le véganisme (Gilles Fumey), les liens entre anarchisme et cause animale (Philippe Pelletier), l'animal au sein des activités touristiques (Laine Chanteloup) ou encore la manière de mettre en carte les animaux (salon de la géomatique)

Au cours de son processus de construction, la géographie animale française a su pointer ce qui faisait sa spécificité vis-à-vis des autres disciplines contribuant aux études animales en soulevant l'importance de la dimension spatiale dans l'appréhension des rapports des sociétés aux animaux. En effet, les géographes considèrent que la manière de séparer l'humanité de l'animalité, de se représenter les animaux ou de les traiter varie en fonction du contexte géo-historique, des idées que les humains ont sur les espaces qu'ils occupent mais aussi des animaux en présence. Comme le rappellent Sarah Bortolamiol et ses collègues[24], l'étude des relations entre humains et animaux

---

[22] Estebanez, J., Gouabault, E., Michalon, J. (2013).
[23] Bortolamiol, S., Raymond, R., Simon, L. (2017) Territoires des humains et territoires des animaux : éléments de réflexions pour une géographie animale. *Annales de géographie*, 716 : 387-407.
[24] Bortolamiol, S., Raymond, R., Simon, L. (2017).

repose sur un triptyque où il est nécessaire de prêter égale attention aux humains et animaux engagés dans ces relations ainsi que les configurations socio-spatiales dans lesquelles elles s'inscrivent.

L'objet « animal » : un enrichissement de la réflexion géographique

Intégrer (ou refuser...) l'objet « animal » a posé aux chercheurs des sciences humaines de nombreuses questions, les obligeant à repenser approches, concepts et méthodes. Pour les géographes, on peut retenir au moins quatre grandes questions, à savoir la dichotomie homme/nature, le concept de territoire, la cartographie et enfin les enjeux éthiques.

Dépasser les dichotomies : une géographie par-delà nature et culture

La réflexion critique sur les différentes dichotomies héritées de la modernité (nature *vs* culture, science *vs* politique, matériel *vs* immatériel…) constitue la pierre angulaire des études animales, domaine qui a largement été investi par notre discipline. Les géographes travaillant sur les animaux sauvages montrent notamment la nécessité de dépasser le clivage entre géographie physique et géographie humaine hérité de l'évolution de la discipline durant la seconde moitié du XXe siècle : l'animal ou le rapport à ce dernier ne peut être compris sans une analyse fine et conjointe des dimensions naturelles (ce qui fait référence à l'écologie, la biogéographie de l'espèce ou encore l'évolution des paysages) et des dimensions humaines (ce qui a trait aux évolutions socio-économiques et culturelles). En prenant l'exemple de l'Ibis sacré, Farid Benhammou et Philippe Sierra[25] ont récemment critiqué les préjugés socioculturels qui entourent les notions d'équilibre naturel, d'écosystème et d'espèces invasives. Ainsi, les opérations de destruction dont a fait l'objet cette espèce relèvent davantage de représentations (l'espèce allochtone vue comme forcément invasive et vectrice de

---

[25] Benhammou, F., Sierra, P. (2017) *Un Africain indésirable, l'Ibis sacré. Analyse géopolitique d'un massacre*. In : Benhammou, F., Sierra, P. (eds.) Historiens et Géographes, numéro spécial FIG : *Territoires humains, mondes animaux*, n°439, p. 96-99.

dégradations pour les écosystèmes locaux) que d'analyses scientifiques objectives et se traduisent par une sorte de « bioxénophobie ». L'analyse géopolitique menée par ces deux auteurs montre comment certains « spécialistes » (scientifiques ou amateurs) en ornithologie cherchent à imposer leur vision de la « nature », ne tiennent pas compte de l'ancienneté de l'anthropisation et occultent certaines réalités biogéographiques. En effet, il n'existe pas de discontinuité biogéographique majeure entre l'Europe et l'Afrique du Nord, qui appartiennent d'ailleurs à la même zone biogéographique du Paléarctique Ouest : retrouver l'Ibis sacré en Bretagne n'a donc rien d'aberrant.

L'un des thèmes favoris de la géographie animale française est également la discussion du couple supposément antagonique nature/culture. Coralie Mounet[26], par exemple, cherche à démontrer que même les liens sociaux au sein d'un territoire possèdent une dimension naturelle, les animaux pouvant créer, défaire ou ré-agencer ses liens via leur présence ou la réalisation de certaines actions. D'autres réflexions visent à analyser les effets du naturalisme, au sens que lui donne Philippe Descola[27], sur la relation aux animaux, avec ici une grande diversité d'opinions. La critique du naturalisme peut servir la plupart du temps à dénoncer les mauvais traitements infligés à certains d'entre eux (enfermement, élevage industriel, persécution de prédateurs, d'allochtones et des nuisibles) mais aussi à égratigner des politiques de conservation de la nature visant à protéger une hypothétique *wilderness* au détriment des populations humaines[28].

Les géographes français s'illustrent enfin par des réflexions sur l'hybridité. Le parc zoologique, étudié notamment par Jean Estebanez[29] est l'un de ces objets hybrides à plus d'un titre : il floute les frontières entre humanité et animalité (l'objectif étant de réduire au maximum, mais sans danger pour les deux parties, la distance physique entre visiteurs humains et hôtes animaux), entre domestique et sauvage (les animaux de zoo ne peuvent être

[26] Mounet, C. (2007).
[27] Descola, P. (2005) *Par-delà nature et culture*. Paris, Gallimard, 623 p.
[28] Glon, E. (2009) ; Guillerme, S. *et al.* (2009).
[29] Estebanez, J. (2010).

rangés strictement dans une ou l'autre de ces catégories), entre familiarité et exotisme (les espèces exhibées doivent dépayser le visiteur, l'inviter à rencontrer un « ailleurs » mais doivent correspondre à certaines de ses attentes), puis entre culture et nature (les enclos se doivent de reproduire assez fidèlement l'origine géographique et l'habitat naturel des espèces, les mises en scène étant souvent marquées par des stéréotypes culturels ou raciaux). Pour cet auteur, le zoo est un dispositif spatial, une inscription matérielle de normes socioculturelles en un lieu précis, son agencement est fonction d'un certain nombre d'idées partagées sur ce qu'est l'humain, l'animal ou l'exotique. Ce type de lieu est également pour lui propice à la formation d'une communauté de vivants, en raison de la proximité entre animaux et soigneurs mais aussi des interactions possibles avec le public. La ville est un autre de ces objets géographiques qui a été revisité : longtemps uniquement vue comme humaine, minérale et le produit/théâtre de dynamiques socioéconomiques et politiques, elle est aujourd'hui reconnue comme un espace peuplé et façonné aussi par des animaux non-humains[30]. La reconnaissance de la présence en ville d'espèces commensales et sauvages appelle d'ailleurs à de nouvelles politiques urbaines, soit pour faciliter leur installation, leur circulation et leur bien-être, à l'instar des réflexions sociétales actuelles autour des trames vertes et bleues[31], soit pour les contrôler, les zones urbaines étant propices à la propagation d'espèces animales exotiques en raison du goût prononcé de leurs habitants pour les nouveaux animaux de compagnie (NAC) mais aussi de l'intense transit de marchandises qui s'y déroule[32].

---

[30] Estebanez, J. (2017) Qu'est-ce que la géographie humanimale ? In : Benhammou, F., Sierra, P. (eds.) Historiens et Géographes, numéro spécial FIG : *Territoires humains, mondes animaux*, n°439, p. 49-51.

[31] Blanc, N. (2013) *The Greenway : A Study of Shared Animal/Human Mobility*. In : Mackenzie, L., Posthumus, S. (eds.) Through the cultural prism: thinking about animals from a french and francophone perspective. East Lansing, MSU Press, p. 148-162.

[32] Berthier, A., Clergeau, P., Raymond, R. (2017) De la belle exotique à la belle invasive : Perceptions et appréciations de la Perruche à collier (*Psittacula krameri*) dans la métropole parisienne. *Annales de Géographie*, 716 (4) : 408-434.

Repenser les objets classiques de la géographie : l'exemple du territoire

Ce faisant, reposer les dichotomies découlant de la division moderne entre nature et culture revient, en fait, à repenser une des clés de lecture les plus utilisées par les géographes : le territoire. Celui-ci peut être défini comme un espace approprié. Cette appropriation repose sur quatre dimensions principales : la maîtrise d'éléments biophysiques des milieux conduisant à leur modification ou leur adaptation ; l'appropriation symbolique c'est-à-dire lorsque des groupes sociaux ou des individus attribuent un ou plusieurs sens à un espace donné ; l'appropriation économique et, bien sûr, l'appropriation politique qui recoupe chacune des autres dimensions et peut conduire à l'expression de rivalités de pouvoir pour le contrôle de l'espace, ce qu'étudie la géopolitique[33].

Or l'appropriation territoriale ne saurait être limitée à son versant humain. Peter Haggett, l'un des chefs de file de la géographie anglaise, partait du principe que : « pour comprendre la manière (...) dont nous organisons notre territoire, nous devons commencer par regarder au-delà de la barrière des espèces le comportement territorial plus simple des autres animaux[34] ». Pour l'instant, l'intérêt porté à la territorialité animale est assez réduit en France même si Sarah Bortolamiol et ses collègues appellent à une plus grande collaboration avec les éthologues pour la mise en œuvre de cette comparaison. Ces auteurs considèrent qu'il y a incompatibilité de définition entre le territoire des animaux (assimilé par eux à une simple utilisation de l'espace, ce qui est contestable) et le territoire humain (appropriation de l'espace par les acteurs ou groupes d'acteurs avec une forte dimension identitaire) mais ils évoquent néanmoins des passerelles possibles entre les deux disciplines : « le géographe a besoin de comprendre la définition de l'éthologue pour comprendre comment l'animal occupe l'espace et l'éthologue de la vision du géographe pour mieux cerner le cadre

---

[33] Goeury, D., Sierra, P. (2016) *Introduction à l'analyse des territoires*. Paris, A. Colin, 224 p.

[34] Haggett, P. (1983) *Geography a Modern Synthesis*, 3d edition. New York, Harper & Row Publishers, p. 464.

territorial dans lequel l'animal s'inscrit[35] ». L'un des apports de la géographie à l'éthologie est d'analyser de façon fine comment les sociétés et activités humaines affectent et modifient les territorialités animales. Les exemples de ces facteurs anthropiques sur les territorialités et mobilités animales sont nombreux dans la littérature géographique, Coralie Mounet[36] évoque ainsi le cas des sangliers dans la région du Valbonnais, ceux-ci ayant trouvé refuge dans le parc national des Écrins afin d'échapper durant la journée à la pression cynégétique et mener leurs raids de nuit sur les espaces de culture voisins. Les deux disciplines se doivent également de dialoguer autour des territoires partagés, espaces où les territoires animaux et humains se superposent, afin de rendre compte des rythmes et stratégies d'utilisation de ces espaces, des complémentarités ou des compétitions dans les formes d'existence. L'exemple le plus abouti en la matière reste la thèse de Sarah Bortolamiol[37]. Pour l'instant, la formation des géographes pour l'appréhension des territorialités animales est limitée, les modules de biogéographie offerts dans le cursus universitaire étant souvent limités au règne végétal et à l'étude globale du fonctionnement des écosystèmes, c'est une lacune qui se doit d'être comblée afin que ces derniers puissent produire des informations de première main dans ce domaine et ne plus se cantonner à celles fournies par l'écologie et l'éthologie.

Parce que le processus de territorialisation ne concerne pas que les humains, il est aussi nécessaire de prendre en compte les effets des animaux sur les aménagements humains. On a pu voir comment la prise en compte des préoccupations écologistes modifie les aménagements effectués dans les zones urbaines et rurales. La figure de la trame verte, la continuité écologique des cours d'eau, la protection de certains habitats naturels sont des thèmes qui se sont imposés aux aménageurs rappelant que divers animaux façonnent ou modifient nos idées sur les usages de

[35] Bortolamiol, S., Raymond, R., Simon, L. (2017), p. 403.

[36] Mounet, C. (2007).

[37] Bortolamiol, S. (2014) *Interactions hommes-chimpanzés-forêt. Approche spatiale et territoriale de la répartition des chimpanzés, des perceptions locales et de la gestion de la biodiversité (Sebitoli, parc national de Kibale, Ouganda)*, thèse de doctorat en géographie, Paris, Université Paris Diderot, 353 p.

l'espace. On voit d'ailleurs comment de nouvelles territorialités sont proclamées, via les aires protégées par exemple, les animaux sauvages pouvant alors constituer des vecteurs de requalification territoriale dans le sens ou d'autres fonctions et d'autres valeurs sont attribuées à un espace donné. Guillaume Marchand[38] s'est penché également sur les effets de la requalification territoriale sur la coexistence avec la faune sauvage dans une aire protégée d'Amazonie brésilienne. La mise en réserve y est perçue négativement par les populations locales car accusée de contribuer à la multiplication et à l'enhardissement des espèces problématiques tout en leur retirant le droit de les contrôler comme cela se faisait avant sa création car, théoriquement, tout abattage d'un spécimen sauvage problématique est soumis à une demande d'autorisation auprès des gestionnaires de la réserve. Ce qui est en jeu ici est le sentiment de dépossession territoriale, les habitants de cette aire protégée sentent qu'ils n'ont plus de prise sur leur espace, le contrôle étant aux mains des gestionnaires de la réserve et de la police environnementale. Parfois cette requalification territoriale a des effets plus positifs. La présence d'un animal permet alors de contribuer au dynamisme de certaines activités, comme l'illustre le cas de l'association Pays de l'ours – ADET qui aide des acteurs territoriaux du tourisme, de l'artisanat voire de l'élevage à valoriser l'image de l'ours pour promouvoir et vendre les productions locales à meilleur prix[39]. La possibilité du développement des retombées économiques du tourisme autour de l'ours blanc au Canada a aussi été étudiée par Laine Chanteloup[40]. Les animaux peuvent être également des vecteurs de réaffirmation territoriale, c'est le cas de certains espaces pastoraux français qui sont définis par certains de leurs acteurs en opposition aux grands prédateurs. Dans leurs discours

---

[38] Marchand, M. (2016) Analyse de la dimension spatiale des conflits homme/faune sauvage dans la réserve de développement durable de la rivière Uatumã (Amazonas, Brésil), *Cybergeo: European Journal of Geography* [en ligne], voir le site http://journals.openedition.org/cybergeo/27807 (consulté le 25/05/2018).

[39] Benhammou, B. (2007).

[40] Chanteloup, L. (2013) *Territoires des hommes, territoires des animaux. Études des perceptions homme/animal et des dynamiques territoriales et touristiques liées à la grande faune sauvage (Nunavut, Alpes françaises)*, thèse de doctorat en géographie, Chambéry, Université de Savoie, 441 p.

et leurs représentations, leurs territoires reposent sur un triptyque élevage / animaux domestiques / paysages ouverts, en parfait équilibre, chose que les carnivores viendraient menacer. La lutte contre la présence des prédateurs est ici motivée par l'identité pastorale, voire la ravive. Il s'agit d'une construction sociale qui fonctionne efficacement car, dans les faits, la diversité des mondes de l'élevage et les autres menaces pesant sur le pastoralisme sont souvent passées sous silence ou demeurent moins mobilisatrices (crise de débouchés commerciaux, révisions des aides agricoles à la baisse, épizootie, etc.).

Revoir les méthodes : la cartographie animale

Certes, Vinciane Despret[41] avait tout de même raison, les géographes se doivent de produire des cartes et pendant longtemps les animaux, surtout sauvages, ont été considérés par beaucoup d'entre eux comme a-spatiaux car difficilement cartographiables[42]. Il est vrai qu'ils sont souvent très mobiles et difficilement localisables, qu'ils ne respectent pas les frontières administratives imposées par les humains et que dans bon nombre de pays, les données sur leurs populations sont éparses voire inexistantes. Cependant, l'opposition aux plantes qui seraient, elles, « faciles » à cartographier ne tient guère. Les grandes tentatives de cartographie de la végétation, à l'instar par exemple de la carte de la végétation française lancée par Henri Gaussen au milieu du XXe siècle, ont révélé qu'il n'existait pas de cartes « justes et objectives » des formations végétales. En effet, la cartographie des plantes relève de certains choix: comment définit-on la forêt ? Quelles espèces pour définir quelles formations ? À partir de quelle densité considère-t-on la plante présente ? On retrouve donc sensiblement les mêmes questions que pour les animaux. Assez tôt, la biogéographie française s'est intéressée à leur distribution. À l'exception de quelques cartes dans l'ouvrage pionnier et isolé de Marcel Prenant[43] (1933), la contribution de cette discipline à la cartographie animale a été très réduite, ce qui est compréhensible

---

41 Despret, V. (2012).
42 Blanc, N., Cohen, M. (2002).
43 Prenant M. (1933) *La géographie des animaux*. Armand Colin, Paris, 199 p.

vu le faible intérêt historique des géographes pour l'animal. Pourtant la cartographie animale représente un véritable enjeu de société, notamment dans le domaine de la conservation, puisqu'au-delà de la représentation de l'évolution (positive ou négative) de la distribution spatiale de différentes espèces, elle permet également de faciliter la prise de décision, d'orienter les actions futures d'aménagement du territoire.

Aujourd'hui, les avancées techniques telles que la télédétection pour repérer l'évolution des habitats, les systèmes ARGOS ou GPS pour suivre des individus ou encore les systèmes d'information géographique pour le traitement croisé de différentes informations spatialisées permettent de nouvelles approches. Élodie Buard a par exemple combiné différentes sources d'informations spatiales (télédétection, données éco-éthologiques et socio-économiques) dans un système d'information géographique pour établir une cartographie des zones vulnérables aux conflits entre humains, éléphants, babouins et porcs sauvages au Kenya[44]. En l'absence de données de population fiables et actualisées, elle s'est notamment servie des images satellites pour modéliser la chance de voir un espace donné abriter une ou plusieurs de ces espèces en prenant en compte certaines de leurs habitudes et préférences spatiales. Ces cartes de vulnérabilité aux conflits synthétisent à merveille les modalités humaines et animales d'occupation du territoire et permettent d'observer en un simple coup d'œil les effets de leur superposition. Les cartes produites par Sarah Bortolamiol dans sa thèse de doctorat suivent cette logique, avec toutefois une différence, puisqu'elle s'est impliquée activement dans le suivi à la trace (empreintes, nids, fèces…) des groupes de chimpanzés qu'elle voulait cartographier[45]. Ces actions de pistage, encore rares dans le domaine géographique, sont fondamentales car elles permettent d'appréhender le territoire selon le point de vue de l'animal[46], ce

---

[44] Buard, E. (2013) *Dynamiques des interactions espèces–espace. Mise en relation des pratiques de déplacement des populations d'herbivores et de l'évolution de l'occupation du sol dans le parc de Hwange (Zimbabwe)*, thèse de doctorat en géographie, Paris, Université Paris 1, 395 p.

[45] Bortolamiol, S. (2014).

[46] Benhammou, F. (2018) « Traces et suivis pour se rapprocher du point de vue animal : quelles perspectives en géographie et SHS ? », communication

changement de focale constituant un enjeu important pour les sciences humaines impliquées dans les études animales car facilitant la restitution de l'expérience des animaux non-humains. Selon Farid Benhammou[47], les techniques géomatiques et les suivis GPS appliqués à l'appréhension des mouvements des animaux ou de leur distribution peuvent s'avérer relativement « froides », les analyses des données pouvant être désincarnées (surtout lorsqu'elles concernent des collectifs ou des spécimens affublés de nom de codes), donner lieu à des explications d'ordre mécanique (présence/absence de nourriture, de cours d'eau…) et véhiculer, au final, l'idée que tous les spécimens se valent ou agissent de la même manière. À son sens, il est nécessaire de « réchauffer » ces techniques, en s'intéressant, lorsque cela est possible, à l'histoire de vie, aux trajectoires et à l'expérience des animaux suivis mais aussi en remettant en contexte les mobilités animales, ce qui revient à prendre en compte les territoires humains et animaux au sein desquels elles s'inscrivent. Par exemple, lorsqu'on replace les péripéties de Cannellito, dernier ours de souche pyrénéenne, dans un territoire béarnais où la présence des ursidés est sujette à de nombreuses controverses, cela permet d'incarner la problématique du maintien de la biodiversité, de lui donner un caractère plus tangible et plus concret.

Participer aux réflexions éthiques

Récemment, dans la revue *Progress in Human Geography*, Henry Buller réservait un chapitre entier de sa trilogie sur la géographie animale, essentiellement anglo-saxonne, à l'éthique partant du principe qu' « il ne peut y avoir de géographie animale sans éthique »[48]. Pour lui, la géographie peut contribuer de trois manières aux réflexions éthiques au sujet des animaux : (i) en réfléchissant au rapport entre espace et morale (comment le traitement et le statut des animaux évoluent en fonction des lieux et des contextes géographiques), (ii) en dépassant l'humanisme anthropocentré et en décentrant le regard du géographe vers les

---

au séminaire « Sources » - Penser du côté des animaux – Institut Universitaire de France.

[47] *Ibid.*

[48] Buller, H. (2016) Animal geographies III: ethics. *Progress in Human Geography*, 40 (3) : 422-430.

animaux, (iii) en faisant des propositions concrètes sur la manière d'inclure les animaux dans notre sphère de considération morale. Si cet auteur déplore un manque de réflexions dans ces trois domaines au sein de la géographie anglo-saxonne, force est d'admettre qu'elles sont encore moins nombreuses dans l'Hexagone, voire parfois antagonistes aux propositions formulées précédemment. C'est le cas notamment des géographes animaliers de la première génération. X. de Planhol, par exemple, en 2009, n'hésitait pas à affirmer son aversion pour les grands prédateurs dans une revue de vulgarisation à grand tirage, il y écrivait :

> « En ce XXIe siècle, qui verra s'achever l'urbanisation de la planète, l'homme devra donc, (...) affronter directement jusqu'aux plus grands fauves. Il lui faudra, sans cesse, les combattre (...). Et l'homme devra sans défaillance, non seulement monter la garde aux frontières de l'espace qu'il s'est réservé mais au cœur même de celui-ci, veiller sans relâche et tuer sans pitié[49]. »

Dans un autre registre, Jean-François Staszak déclarait lors d'un café géographique de 2005 que si l'homme souhaitait enfermer des animaux pour son plaisir, il en avait le droit, sans préciser nécessairement ce qui fondait ce droit[50]. Ces types de discours sont assez emblématiques de la géographie française qui baigne très fortement dans l'humanisme anthropocentré et dénigre les théories biocentriques, antispécistes ou animalistes, à l'image d'Augustin Berque[51] qui les qualifient d'absurdes et d'immorales car dégradant la condition humaine.

Toutefois, les réflexions sur le statut ou le traitement des animaux dans nos sociétés ne sont pas absentes chez les géographes

---

[49] de Planhol, X. (2009) Un partage du monde ? *L'Histoire*, 338 : 55 (propos tenus également dans son ouvrage de 2004).

[50] Milhaud, O. (2009) Y a-t-il une géographie du territoire animal ? Compte-rendu du débat du 26/11/2009 : *Les animaux sont-ils encore à leur place* ? [en ligne] Voir le site http://cafe-geo.net/wp-content/uploads/geographie-territoire-animal.pdf (consulté le 25/05/2018).

[51] Berque, A. (2010) Des fondements ontologiques de la crise, et de l'être qui pourrait la dépasser, *VertigO - la revue électronique en sciences de l'environnement* 10(1), [en ligne] voir le site http://vertigo.revues.org/9384 (consulté le 25/05/2018).

animaliers français. Nathalie Blanc[52], rejoint Augustin Berque en considérant absurdes les approches visant à octroyer des droits aux animaux par analogie aux droits humains tout en niant les spécificités humaines, elle privilégie pour sa part l'éthique du *care* : les animaux non-humains en tant qu'êtres vulnérables, doivent faire l'objet d'une attention particulière. Elle considère l'éthique du *care* plus globale et efficace car reliant les êtres vivants les uns avec les autres, cette éthique se fonde sur une solidarité de groupe entre êtres partageant une même terre, un point de convergence avec la *geoethics* de William Lynn[53]. Les géographes animaliers travaillant sur les espèces sauvages s'expriment généralement en faveur de leur conservation et de leur droit à l'existence, par exemple, Farid Benhammou s'insurge régulièrement dans ses travaux scientifiques ou d'autres tribunes plus libres contre les approches zootechniques plutôt promptes au massacre inconsidéré d'espèces animales jugées nuisibles (loups, ours, requins, blaireaux[54]). Les zoos font l'objet aussi d'un certain nombre de critiques, leur capacité à éduquer ou sensibiliser les visiteurs est souvent remise en cause[55] ainsi que leur tendance à réifier les animaux en les traitant comme de simples marchandises, des réserves de gènes en puissance ou encore des individus dépourvus de subjectivité[56]. Enfin, les géographes s'intéressant aux espèces domestiques ou de rente se prononcent également

---

[52] Blanc, N. (2013).

[53] Lynn, W. (1998) Animals, ethics and geography. In : Wolch, J., Emel, J. (eds.), *Animal Geographies: Place, Politics and Identity in the Nature-Culture Borderlands*, London, Verso, p. 280-298.

[54] Tribune sur le site *Reporterre.net* du 30 septembre 2017 : Loups, requins, ibis, blaireaux : un massacre sans base scientifique, [en ligne] voir le site https://reporterre.net/Loups-requins-ibis-blaireaux-un-massacre-sans-base-scientifique (consulté le 25/05/2018).

[55] Marchand, G., Silva Gomes, A. L., dos Santos Pereira, H., Terezinha de Araújo, V. (2017) *É possível (re)conectar o público escolar do zoológico do Centro de Instrução de Guerra na Selva (CIGS) à fauna amazônica ?* In : Marchand, G., Vander Velden, F. (org.) Olhares cruzados sobre as relações entre seres humanos e animais silvestres na Amazônia (Brasil, Guiana Francesa), Manaus, Editora EDUA, p. 275-298.

[56] Estebanez, J. (2014) Des animaux-objets ? *Géographie et cultures*, 91-92, [en ligne] voir le site http://gc.revues.org/3364 (consulté le 25/05/2018).

sur leur bien-être et la nécessaire réforme de l'élevage[57]. Toutefois, à notre sens, les considérations éthiques ou morales des géographes animaliers français se distinguent en deux points de celles de leurs homologues anglo-saxons. Premièrement, alors que dans la géographie animale anglo-saxonne des débuts (de 1995 à 2010), les théories reganniennes et singeriennes ou d'autres mouvances de la « libération animale » étaient très présentes, les géographes français, eux, s'en sont peu inspirés, voire les ont regardées avec une certaine méfiance, leurs réflexions éthiques s'étant davantage fondées sur l'idée d'une communauté de destin entre les humains et les animaux ou celle d'une bienveillance interspécifique. Deuxièmement, alors que les écrits passés et actuels au sein de la *new animal geography* reviennent très souvent sur la nécessité de sortir de l'humanisme anthropocentré, la géographie animale française est plus timorée dans ses tentatives de décentrement et adopte plutôt la posture d'un humanisme étendu aux autres espèces animales.

Conclusion : la géographie animale française, encore marginale mais tellement nécessaire et prometteuse

Avec quasiment une vingtaine d'années d'existence, la géographie animale française a démontré la pertinence d'une inclusion de l'animal dans son champ disciplinaire et, pour ce faire, a su entamer un important travail réflexif afin de renouveler ses approches, ses méthodes et ses concepts. Actuellement, l'objet « animal non-humain » s'insère dans plusieurs champs d'études investis par les géographes (voir figure ci-après), à la croisée de la géographie humaine et de la géographie physique. Les animaux non-humains ne sont toutefois pas traités comme de simples objets, totalement passifs et dénués d'agentivité. Acteurs des environnements biophysiques (faune) et humains (animaux domestiques, élevages), ils occupent des territoires qui peuvent entrer en conflit avec les territoires humains. Par exemple, les territoires de protection mis en place par des acteurs publics (surtout les États) et parfois privés, au nom de la préservation

[57] Fumey, G. (2017) *Les animaux dans nos assiettes : ce qu'ils nous disent.* In : Benhammou, F., Sierra, P. (eds.) Historiens et Géographes, numéro spécial FIG : *Territoires humains, mondes animaux*, n°439, p. 56-59.

d'espèces menacées, peuvent eux-mêmes être l'objet de conflits avec les sociétés humaines présentes du fait des représentations (le parc naturel assimilé au retrait des activités humaines et au déclin) ou des difficultés que ces espaces réglementés causent aux populations locales (règlementations) ou à des projets économiques (frein au développement de stations de ski, de barrages, de carrières, de routes…).

Toutefois, la géographie animale française demeure encore marginalisée au sein de la discipline et cela en raison d'une forte tradition anthropocentrique qui, sous couvert d'humanisme, voit d'un mauvais œil le fait de trop décentrer le regard pour s'intéresser aux non-humains. Dans les années 1990 et 2000, cet anthropocentrisme teinté d'écoloscepticisme avait entravé l'inclusion des questions d'écologie, de développement durable et de biodiversité dans le champ disciplinaire, car les préoccupations pour les plantes, les écosystèmes et les animaux pouvaient menacer les intérêts humains et la « grande marche vers le progrès ». Il en a été de même pour les animaux, les premiers travaux dans ce domaine ont souvent été regardés avec méfiance lorsqu'ils n'étaient pas simplement considérés comme futiles. Si les années 2010 ont marqué une ouverture et si certains géographes initialement animalo-sceptiques comme Gilles Fumey ont su évoluer, la géographie animale n'est pas encore totalement acceptée par la géographie humaine traditionnelle et dominante. Lors de l'ouverture du *Festival International de Géographie* 2017, les différents responsables scientifiques ont répété à de nombreuses reprises lors de leurs différentes interventions les difficultés qu'ils avaient eu à imposer le thème de l'animal à certains de leurs collègues. D'ailleurs, le titre même du festival initialement proposé « *Territoires humains, territoires animaux* » a été modifié en « *Territoires humains, mondes animaux* », pour signifier que les territorialités humaines et animales ne pouvaient pas être mises sur le même plan. Malgré ces débats internes, le thème a suscité un important engouement avec près d'une centaine de communications soumises, dont beaucoup proposées par de jeunes chercheurs. Espérons que cette effervescence autour du FIG se pérennise et contribue à renforcer cette branche disciplinaire.

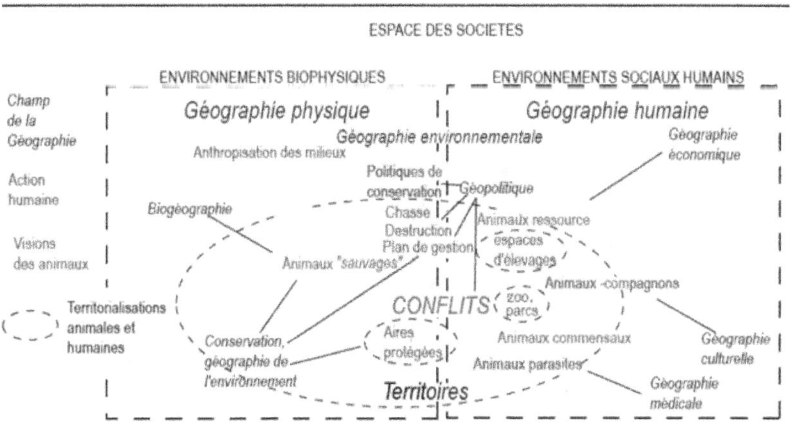

Source : d'après Philippe Sierra, 2009, modifié

Figure 1 : Inclusion de l'animal
dans les différentes branches de la géographie française

Notices bio-bibliographiques

Par ordre alphabétique

ÉRIC BARATAY est professeur d'Histoire contemporaine et habilité à diriger des recherches à l'Université Jean Moulin de Lyon 3 et membre sénior de l'Institut Universitaire de France (IUF). Ses thèmes de recherche portent notamment sur l'Histoire des animaux, l'Histoire de la Nature ainsi que sur l'Histoire des relations hommes-animaux. Il est l'auteur de nombreux ouvrages dont le livre *Biographies animales – Des vies retrouvées* paru aux Éditions du Seuil en 2017.

FARID BENHAMMOU est agrégé et docteur en Géographie de l'environnement. Il est chercheur associé au laboratoire Ruralités de l'Université de Poitiers. Il enseigne en classes préparatoires. Spécialiste des relations et de la cohabitation entre l'homme et les grands prédateurs (ours, loup, lynx), il applique une approche géographique et surtout géopolitique à des questions environnementales, dont celles impliquant la grande faune. Dans le cadre de collaborations, Farid Benhammou poursuit des approches géopolitiques avec d'autres espèces animales telles que l'ours polaire, le requin ou l'ibis sacré. Il est avec l'expert de l'Arctique Rémy Marion, auteur de l'ouvrage *Géopolitique de l'ours polaire* paru aux Éditions Hesse en 2015.

AURÉLIE CHONÉ est maîtresse de conférences au département d'Études Allemandes de l'Université de Strasbourg, habilitée à diriger des recherches en Études germaniques, directrice de la revue « Recherches germaniques » et responsable du Master « Les mondes germanophones dans l'espace européen ». Elle a dirigé plusieurs programmes de recherche interdisciplinaires à la Maison Interuniversitaire des Sciences de l'Homme-Alsace (MISHA), le dernier portant sur « La rencontre homme-animal au croisement de la religion, de la culture et de la science » (2017-2018). Ses recherches portent sur les études littéraires animales, l'écocritique, la géocritique, les humanités environnementales, les transferts culturels entre Inde et Europe. Elle a notamment coédité, avec Catherine Repussard, *Des animaux et des hommes / Von Tieren und Menschen*, Recherches germaniques, Hors-série n° 10, 2015, et avec Isabelle Hamman et Philippe Hajek *Le Guide des Humanités environnementales*, Presses universitaires du Septentrion, 2016

GUILLAUME MARCHAND est chercheur en Géographie. Il a travaillé au Centre des Sciences de l'Environnement de l'Université Fédérale de l'Amazonas au Brésil. Spécialiste de la géographie animale, ses travaux portent sur les conflits humains-faune sauvage dans les aires protégées. Il a également été amené à étudier le rapport des visiteurs des parcs zoologiques aux spécimens exposés, la participation des populations locales à la gestion de la biodiversité ainsi que l'utilisation de la faune sauvage dans l'alimentation, comme animaux de compagnie ou encore comme support de thérapie. Il est membre du collectif « Géographie, Animaux non humains et Territoires » (GATO). Il a notamment publié *Analyse de la dimension spatiale des conflits homme/faune sauvage dans la réserve de développement durable de la rivière Uatumã (Amazonas, Brésil)* dans la revue « Cybergeo : European Journal of Geography » en 2016 et co-édité avec Felipe Vander Velden l'ouvrage *Olhares cruzados sobre as relações entre seres humanos e animais silvestres na Amazônia (Brasil, Guiana Francesa) paru aux Éditions EDUA en 2017.*

JÉRÔME MICHALON est chargé de recherche au CNRS au sein de l'unité de recherche « Triangle. Action, discours, pensée politique et économique » de l'École Normale Supérieure de Lyon, de l'Université de Lyon 2, de Sciences Po Lyon, de l'Université Jean Monnet de Saint-Etienne, également rattachée à la Maison des Sciences de l'Homme Lyon St-Etienne. Ses domaines de recherche portent entre autres sur la sociologie des sciences et des techniques ainsi que les relations hommes-animaux et la sociologie des mobilisations. Il travaille ainsi sur les liens qui se tissent entre les savoirs scientifiques, les sciences sociales, les sciences naturelles et le militantisme, à partir de l'exemple des *Animal Studies*. Parmi ses publications sur le sujet, *Les Animal Studies peuvent-elles nous aider à penser l'émergence des épistémès réparatrices ?* paru dans la « Revue d'Anthropologie des Connaissances » en 2017 et le chapitre *La cause animale et les sciences sociales : influences, dévoilements et appariements* paru dans « S'engager pour les animaux » dirigé par Fabien Carrié et Christophe Traïni aux Presses universitaires de France en 2019.

MARIE PELÉ est chercheure postdoctorale en biologie du comportement à l'Institut Pluridisciplinaire Hubert Curien (CNRS). Lauréate du prix *Le Monde de la Recherche Universitaire* pour sa thèse de doctorat portant sur les capacités économiques chez différentes espèces de primates, elle choisit de faire évoluer son champ de recherche à l'éthologie humaine, mais aussi à l'étude des relations hommes-animaux. Chargée d'enseignement en Éthologie et co-responsable de l'enseignement en Éthique animale à l'Université de Strasbourg, elle a notamment codirigé avec Cédric Sueur l'ouvrage *Questions d'actualité en éthique animale* paru aux Éditions L'Harmattan en 2017.

CATHERINE REPUSSARD est maîtresse de conférences au Département d'études allemandes de l'Université de Strasbourg, habilitée à diriger des recherches en Études germaniques. Elle a dirigé plusieurs programmes de recherche interdisciplinaires à la Maison Interuniversitaire des Sciences de l'Homme-Alsace (MISHA), le dernier portant sur « La rencontre homme-animal au croisement de la religion, de la culture et de la science » (2017-2018). Ses recherches portent sur les études animales, les humanités environnementales en perspective (post)coloniale, les mouvements alternatifs dans l'espace germanophone, notamment les mouvements de la réforme de la vie autour de 1900 (*Lebensreform*). Elle a notamment co-édité, avec Aurélie Choné, *Des animaux et des hommes / Von Tieren und Menschen*, Recherches germaniques, Hors-série n° 10, 2015, édité *De la Lebensreform à l'altermondialisme*, Recherches germaniques, Hors-Série n° 11 (2016) et coédité avec Marc Cluet, *La Lebensreform ou la dynamique sociale de l'impuissance politique*, Tübingen 2014.

FRÉDÉRIC ROGNON est professeur de Philosophie des religions à la faculté de Théologie Protestante de l'Université de Strasbourg, et président de la commission Justice aumônerie des prisons de la Fédération protestante de France. Il est également directeur du Groupe de Recherches et d'Études en Sociologie, Philosophie et Psychologie de la religion (GRESOPP) et responsable de l'équipe thématique : « Genèse de la modernité religieuse ». Parmi ses domaines de recherche on compte la philosophie et l'anthropologie de la sociabilité, l'étude des aspirations communautaires et utopistes dans le paysage religieux contemporain à travers leurs significations philosophiques et théologiques de l'instauration du Royaume hic et nunc, l'éthique de responsabilité et éthique de conviction, ainsi que la relation entre l'homme et l'animal dans l'histoire de la philosophie et de la théologie. Il est notamment l'auteur de *Jacques Ellul – Une pensée en dialogue* paru aux Éditions Labor et Fides en 2007 et réédité en 2013 et de *Charles Gides – Éthique protestante et solidarité économique* paru aux Éditions Olivétan en 2016.

PHILIPPE SIERRA agrégé et docteur en Géographie est professeur en classes préparatoires aux grandes écoles à Toulouse. Il s'intéresse à l'épistémologie des sciences géographiques, en particulier à la notion de « territoire » et à ses implications en matière de politiques environnementales. Il a récemment publié aux éditions Armand Colin une *Introduction à l'analyse des territoires* avec D. Goeury, en 2016 et un ouvrage de synthèse sur la géographie, *La géographie : concepts, savoirs et enseignements*, en 2017.

MARION THOMAS est ingénieure agronome de formation et docteure en Histoire des sciences de l'Université de Manchester. Ses recherches relèvent de l'histoire des sciences du vivant aux XIXe et XXe siècles. Elle a notamment travaillé sur l'histoire du comportement animal, en particulier l'intelligence animale, l'instinct maternel animal et les sociétés animales. Son nouveau projet de recherche s'intitule : « Des singes "serviteurs de la science" : la construction et l'internationalisation des savoirs simiens à l'Institut Pasteur de Kindia en Guinée française (1922-1965) ». Parmi ses publications sur le sujet : *Entre Paris et les Tropiques, le rôle inattendu des Instituts Pasteur dans la naissance de la psychologie animale pendant la période coloniale* publié dans la « Revue de primatologie » en 2017.

Structures éditoriales du groupe L'Harmattan

L'Harmattan Italie
Via degli Artisti, 15
10124 Torino
harmattan.italia@gmail.com

L'Harmattan Hongrie
Kossuth l. u. 14-16.
1053 Budapest
harmattan@harmattan.hu

L'Harmattan Sénégal
10 VDN en face Mermoz
BP 45034 Dakar-Fann
senharmattan@gmail.com

L'Harmattan Cameroun
TSINGA/FECAFOOT
BP 11486 Yaoundé
inkoukam@gmail.com

L'Harmattan Burkina Faso
Achille Somé – tengnule@hotmail.fr

L'Harmattan Guinée
Almamya, rue KA 028 OKB Agency
BP 3470 Conakry
harmattanguinee@yahoo.fr

L'Harmattan RDC
185, avenue Nyangwe
Commune de Lingwala – Kinshasa
matangilamusadila@yahoo.fr

L'Harmattan Congo
67, boulevard Denis-Sassou-N'Guesso
BP 2874 Brazzaville
harmattan.congo@yahoo.fr

L'Harmattan Mali
Sirakoro-Meguetana V31
Bamako
syllaka@yahoo.fr

L'Harmattan Togo
Djidjole – Lomé
Maison Amela
face EPP BATOME
ddamela@aol.com

L'Harmattan Côte d'Ivoire
Résidence Karl – Cité des Arts
Abidjan-Cocody
03 BP 1588 Abidjan
espace_harmattan.ci@hotmail.fr

L'Harmattan Algérie
22, rue Moulay-Mohamed
31000 Oran
info2@harmattan-algerie.com

L'Harmattan Maroc
5, rue Ferrane-Kouicha, Talaâ-Elkbira
Chrableyine, Fès-Médine
30000 Fès
harmattan.maroc@gmail.com

Nos librairies en France

Librairie internationale
16, rue des Écoles – 75005 Paris
librairie.internationale@harmattan.fr
01 40 46 79 11
www.librairieharmattan.com

Librairie l'Espace Harmattan
21 bis, rue des Écoles – 75005 Paris
librairie.espace@harmattan.fr
01 43 29 49 42

Lib. sciences humaines & histoire
21, rue des Écoles – 75005 Paris
librairie.sh@harmattan.fr
01 46 34 13 71
www.librairieharmattansh.com

Lib. Méditerranée & Moyen-Orient
7, rue des Carmes – 75005 Paris
librairie.mediterranee@harmattan.fr
01 43 29 71 15

Librairie Le Lucernaire
53, rue Notre-Dame-des-Champs – 75006 Paris
librairie@lucernaire.fr
01 42 22 67 13

www.ingramcontent.com/pod-product-compliance
Lightning Source LLC
LaVergne TN
LVHW010941061026
849535LV00007B/2519